中式烹调技艺

主　编　刘世君　马付斌　李　平

副主编　李　林　焦　佳　刘书涛　蒯林文

参　编　四川省长宁县职业技术学校竹旅部

四川八依星源教育管理有限公司

西南交通大学出版社

·成　都·

图书在版编目（ＣＩＰ）数据

中式烹调技艺 / 刘世君，马付斌，李平主编.
成都：西南交通大学出版社，2024.8. —— ISBN 978-7
-5774-0055-6

Ⅰ．TS972.117

中国国家版本馆 CIP 数据核字第 2024WF4713 号

Zongshi Pengtiao Jiyi

中式烹调技艺

主编	刘世君　马付斌　李　平
策划编辑	黄庆斌
责任编辑	梁志敏
封面设计	GT 工作室

出版发行	西南交通大学出版社
	（四川省成都市金牛区二环路北一段 111 号
	西南交通大学创新大厦 21 楼）
邮政编码	610031
营销部电话	028-87600564　028-87600533
网址	http://www.xnjdcbs.com
印刷	四川玖艺呈现印刷有限公司

成品尺寸	185 mm × 260 mm
印张	14.5
字数	316 千
版次	2024 年 8 月第 1 版
印次	2024 年 8 月第 1 次
定价	49.80 元
书号	ISBN 978-7-5774-0055-6

课件咨询电话: 028-81435775

前　言

　　本书在编写过程中，深度融合了中式烹调技艺的技术革新与教学改革成果，同时紧密结合现代餐食制作的生产实践，具有较强的针对性。本书不仅有效贯彻了素质教育思想，更致力于体现以人为本的现代教育理念；从相关行业岗位的实际知识和技能需求出发，结合对学生创新能力及职业道德的培养要求，设定了明确的教学目标，并精心组织了教学内容；在理论体系、组织结构以及内容描述上，均进行了深入探索，力求精益求精。

　　本书的主要特点如下：

　　（1）编写团队由教学和生产、服务一线的专家组成，具备丰富的教学经验、扎实的专业理论知识和实践技能。

　　（2）以专项能力培养划分项目，明确了具体的学习任务和目标，以实现"理实一体"的培养过程。

　　（3）注重职业岗位对人才知识和能力的要求，力求与相应的职业标准衔接。

　　本书由四川省长宁县职业技术学校刘世君、马付斌、李平任主编，李林、焦佳、刘书涛、蒯林文任副主编，参加编写的还有四川八依星源教育管理有限公司、四川省长宁县职业技术学校竹旅部。

　　本书在编写过程中参考了大量的书籍、论文等文献资料，在此对原作者表示诚挚的谢意。

　　由于编者水平有限，书中难免有不当之处，恳请广大读者批评指正。

编　者
2024 年 2 月

数字资源

序号	资源名称	资源类型	页码	资源位置
1	中式烹调工艺概述	微课视频	001	项目一
2	中式烹调工艺研究	微课视频	006	
3	烹调设备器具的使用及维护	微课视频	010	
4	菜肴烹调作业流程	微课视频	017	
5	禽畜类原料初加工	微课视频	025	项目二
6	水产类原料初加工	微课视频	028	
7	干制原料的涨发	微课视频	031	
8	其他原料的初加工	微课视频	041	
9	刀工	微课视频	045	
10	平刀法和斜刀法	微课视频	050	
11	原料成形技能	微课视频	053	
12	混合刀法技能	微课视频	053	
13	挂糊工艺	微课视频	077	项目三
14	浆粉芡工艺	微课视频	086	
15	临灶操作	微课视频	090	
16	菜肴组配工艺	微课视频	092	项目四
17	菜肴组配的作用与要求	微课视频	092	
18	菜肴组配技艺	微课视频	094	
19	菜肴组配的形式与方法	微课视频	095	
20	菜肴风味调配原理	微课视频	111	项目五
21	调味工艺	微课视频	128	
22	菜肴调香增香工艺	微课视频	138	
23	菜肴调色工艺	微课视频	143	

24	预熟处理工艺	微课视频	152	
25	烹调能源与热传递	微课视频	157	
26	火候及控制	微课视频	160	
27	水传热烹调技法之煮、焖、烧	微课视频	162	
28	水传热烹调技法之烩、氽、涮	微课视频	166	
29	水传热烹调技法之炖、煨	微课视频	166	
30	油传热熟制工艺之炸	微课视频	168	项目六
31	油传热熟制工艺之油浸、油淋、塌、煎	微课视频	171	
32	油传热熟制工艺之熘、爆	微课视频	171	
33	油传热熟制工艺之炒、烹	微课视频	173	
34	热空气及固体传热熟制工艺之烤	微课视频	176	
35	其他传热熟制工艺	微课视频	180	
36	熟制工艺成品特点	微课视频	182	
37	菜肴的盛装	微课视频	197	
38	菜肴的美化	微课视频	207	
39	宴会菜品及菜单设计	微课视频	209	项目七
40	菜肴成品质量控制	微课视频	217	
41	烹调安全与工艺创新	微课视频	219	
42	涨发木耳	微课视频	222	
43	肝腰合炒的制作	微课视频	222	
44	糖醋里脊的制作	微课视频	222	
45	鱼香肉丝的制作	微课视频	222	
46	水煮肉片的制作	微课视频	222	
47	回锅肉的制作	微课视频	223	操作示范
48	麻婆豆腐的制作	微课视频	223	
49	宫保鸡丁的制作	微课视频	223	
50	干烧鳊鱼的制作	微课视频	223	
51	青椒肉丝的制作	微课视频	223	
52	水果拼盘的制作	微课视频	223	

目 录

项目一　中式烹调概述

任务一　中式烹调发展简史

在数千年的历史长河中，烹饪逐步发展成为一门集艺术性、科学性和技术性于一体的实用技术学科。中餐作为世界三大菜系之一在世界烹饪中占有十分重要的地位，中华饮食文化具有独特的民族特色和浓郁的东方魅力，中国因而也被誉为"烹饪王国"，世界各地涌现出大量的中国餐馆。

一、中式烹调的起源和发展

（一）烹调的起源

我们人类的祖先在从猿进化成为原始人以后，长期过着茹毛饮血的生活，这样经

中式烹调工艺概述

过了若干万年。在遥远的太古时代，原始人的住所——森林，常常因雷电而引起火灾；火熄灭后，原始人偶然食用了被烧死的野兽的肉，觉得这种烧熟的兽肉远较生的兽肉鲜美芳香。这种情况经过无数次的重复，使原始人渐渐懂得利用火来烧熟食物，开始有意保留火种，后来又渐渐地发明了取火的方法，于是正式开始熟食。这就是说，"烹"起源于火的利用。

人们最早的熟食，仅仅是把食物烧熟而已，还谈不上调味。不知经过了多少万年，生活于海滨的原始人偶然把猎得的食物放在海滩上，使其沾上了一些盐的晶粒，而这些沾上盐的食物烧熟食用时滋味特别鲜美。这种情况经过无数次的重复，使原始人渐渐懂得这些白色小晶粒能够增加食物的美味，就开始收集盐粒，进而又渐渐地发明了烧煮海水以提取食盐的方法，于是最简单的调味也就正式开始了。这就是说，"调"起源于盐的利用。

（二）烹调的意义

烹调的发明是人类进化的一个关键节点，是人类发展史上的一个里程碑。恩格斯曾说："熟食是人类发展的前提。"人类懂得烹调以后，至少有以下几个方面的进步：

（1）改变了茹毛饮血的野蛮生活方式，在摄食以维持生存这一主要的生活方式上使自己正式区别于动物。

（2）烹而后食，可以杀菌消毒，保障健康；可以帮助消化，改善营养。这就为人类体力和智力的进一步发展创造了有利条件。

（3）发明烹调法以后，人类渐渐开始食用鱼类等水产食物，扩大了食物的范围；为了就近获取水产食物，人们开始从山上、树上迁移到江河岸边居住，脱离了与野兽为伍的生活环境。恩格斯曾经指出："自有了这种新的食物，人们才不受气候及地域的限制了。"

（4）人们开始熟食以后，又逐渐养成了定时饮食的习惯，不再像过去那样一天到晚嘴忙手乱地撕嚼食物，因而可以有更多的时间来从事其他生产活动。

（5）通过烹调，人类渐渐开始使用饮食器皿，进而懂得了生活上的一些礼节，开始向文明人过渡。

二、我国烹调技术的发展过程

我国烹调技术的发展过程大致分为下面三个时期。

（一）史前时期至殷代

这一时期是人类经过漫长的岁月，逐渐脱离蒙昧野蛮状态而进入开化文明状态的时期。这一时期中烹调技术的发展可以粗略地划分为三个阶段。

1. 石烹阶段

"石烹"是最原始的烹调方法。那时根本没有什么烹调工具，只是把食物直接放在火焰上烤熟了吃，或是把撕成块的肉和用水润湿的谷物放在烧热的石头上烘熟罢了。由此可见，人类最早使用的烹调方法是"直接烘烤法"。

2. 水烹阶段

随着生产的发展，人类学会了制造陶器，进而制成了鼎、鬲、甑、瓶等烹调用具。这些皿具都是把锅子和炉灶连在一起的加热工具，形状有些像大香炉，可以把食物放在器内，再加上水，从下面生火煮。这样，烹调方法就从"直接烘烤法"发展到烧、煮、炖、蒸的"加水烹调法"。

3. 油烹阶段

用油烹调的方法出现得比较晚，在汉代才开始出现。因为用油烹调必须具备三个条件：有传热迅速的金属锅子；有锋利的金属薄刀；使用高温大油锅。在汉代，油烹方法主要包括煎、炸等烹饪方式。这些方式虽然与现代的煎炸有所不同，但已经具备了油烹的基本特征。汉代的煎与今天有所不同，它既可以指干煎，也可以指加水后烧到干的过程。如果最后还残余水，那么这就叫熬。在煎的过程中，食材会在油中慢慢加热，达到外酥里嫩的效果。汉代的油烹方法不仅丰富了当时的饮食文化，也为后世的烹饪技艺提供了重要的借鉴和启示。

（二）殷至秦

殷至秦之间的烹饪技术发展经历了重要的变革，为后世中华烹饪文化奠定了基础。在夏、商、周时期，烹饪技术开始有了更为系统的发展。烹饪器具的使用逐渐普及，特别是青铜器（如鼎、鬲等）成为常见的烹饪工具。这一时期，饮食礼仪初步形成，烹调不仅是为了满足生理需求，更成为祭祀、礼仪的重要组成部分。

秦朝时期，烹饪技法主要包括烹、炙、蒸、炰、捣、燔、脍、羹、脯、腊等，这些技法沿袭了周代的烹饪技法并有所发展。特别是"炙"即熏烤使熟的方法，在秦朝有着重要的地位。此外，秦朝人也发明了一些烹饪工具，如炊具、炉灶等，炊具包括锅、盆等厨房基本用具，而炉灶则采用石头、瓦片等材料制成。秦朝的食品文化以精致独特和讲究卫生为主要特点。

（三）秦以后

在秦以后至近代的近两千年的时间里，我国的烹调技术更是迅速发展，概括起来表现在以下几个方面。

1. 烹调技术的交流

由于朝代更迭、人员大规模迁移等因素，我国各地的烹调技术得到了交流。例如，秦并六国以后，徙六国贵族富豪十二万于首都咸阳，就促进了烹调技术的交流。又比如在隋、唐、五代时期，南北间战争频繁，北方少数民族不断往南扩张，中原一带大部分地区几乎长期为某些少数民族占据，因此中原地区普遍盛行"胡食"。北宋时期，汉族统一中原，南方的地方菜又渐渐流传到北方，当时的首都开封就开设了很多"南食店"。南宋时期，首都临安（杭州）也开设了很多北方的菜馆，从而使南北方的烹调技术得到了交流。

这些交流无疑对于烹调技术的提高和发展起了重要作用。

2. 烹饪原料的扩展

由于中外经济文化交流等因素，我国的烹饪原料不断得到扩充。例如，西汉时期，引进了胡瓜、胡豆、胡葱、胡椒等多种蔬菜和油料、调味品的种子，并进而发明了榨制植物油的技术，为我国烹调技术的发展增添了物质条件。

3. 烹调技术的研究

随着社会的发展和物产的日益丰富，有人开始将烹调技术作为一门学问来研究，出现了专门的著作，如西晋何曾著的《安平公食学》，南北朝时南齐虞惊著的《食珍录》、北魏崔浩著的《食经》等，都是世界上较早的有关烹调技术的著作。

4. 地方菜系的形成和发展

我国是一个多民族的国家，疆域辽阔，物产丰富，各地物产和气候条件不同，人们的生活方式和风俗习惯也不同。因此，在烹调技术发展的过程中，各地逐步形成了具有地方特色的地方菜，进而发展成为多种堪称中国菜肴精华的地方菜系。

经过长期的发展，烹调技术作为我国文化遗产的重要组成部分流传后世。然而，在旧社会，由于封建势力的压迫、行会的束缚，以及帮派的相互排斥，烹调技术的发展与提高受到很大的限制，致使很多地方名菜失传。中华人民共和国成立后，国家为烹调技术的发展提供了无比优越的条件，各地厨师都公开了技术，不断地相互交流经验，使烹调技术有了新的发展。

三、中国菜肴的特点

经过长时期的发展和提高，我国的烹调技术融汇了我国灿烂的文化，集中了各民族烹调技艺的精华，使中国菜肴形成了具有中国气派的许多特点。

1. 选料讲究

我国古今厨师对原料的选择都非常讲究，原料力求鲜活。在规格方面，不同的菜肴选料都有不同的要求。以用猪肉作原料的菜肴为例，咕咾肉须选用上脑肉，滑溜肉片须选用里脊肉。各种名菜的选料更为精细。例如，制作北京烤鸭，必须选用北京填鸭；烹调川菜必须用四川豆瓣辣酱等四川特产调味品。

2. 刀工精细

刀工是制作菜肴的一个很重要的环节。我国厨师在加工原料时讲究大小、粗细、厚薄一致，以保证原料受热均匀，成熟度一样。我国历代厨师还创造了批、切、锲、斩等刀法，能根据原料特点和制作菜肴的要求把原料切成丝、片、条、块、段、粒、茸、末和麦穗花、荔枝花、裁衣花等各种形态，不仅便于烹煮和调味，而且能使菜肴外形美观。

3. 配料巧妙

烹制一份菜肴，除了挑选主要原料外，还要做好辅料的拼配工作，才能使菜肴丰富多彩，滋味调和。我国厨师历来对主辅料的拼配技术比较讲究，而且特别擅长拼制各种平面的和立体的花式冷盘，使菜肴不仅具有食用价值，而且还具有艺术欣赏价值。

四、中式烹调的基本原则

任何一种文化，都一定具有民族性和时代性两大特点，中式烹调作为中国传统文化的一部分，当然也不例外。只有民族的，才是世界的。在讨论中式烹调的具体特点时，我们会听到各种不同的说法，尽管其中不乏真知灼见，但也一定有以偏概全的过誉之词，特别是把民族性和时代性对立起来的做法，如恪守祖传秘方、百年老店式的思维方式。如果把传统当作包袱，反而会在客观上阻碍中式烹调的进一步发展。

1. 求本味原则

本味，原指原料的自然之味，如鱼味、肉味等。主要包括 4 个方面的内容：

（1）以突出原料鲜美本味为中心，严格处理好烹调的工艺流程和环节。

（2）处理好调料和菜肴主配料及辅料间的关系。无味者，使其有味；有味者，使其更美；味淡者，使其浓厚；味浓者，使其淡薄；味美者，使其突出；味异者，使其消除。

（3）处理好菜肴中各种主配料与辅料间的关系。注意突出、衬托或补充主料、配料和辅料的鲜美滋味，使菜肴有"和合之妙"。

（4）处理好调味与养生间的关系。

2. 讲时序原则

时，指时间、时候、时机；序，指次序、程序。讲时序原则主要包括 3 个方面的含义：

（1）调和菜肴风味，要合乎时序，注意时令。菜肴的色香味形质等要因季节而变化。

（2）烹调中投放调料和原料要讲求时机和先后顺序。

（3）选择烹调原料要讲求季节性。古人主张"适时而食，不过时而食"，这种进食观念直到现在仍然广受推崇。生物在不同的生长阶段、不同时节，其内部结构是有差异的；动物在幼年、壮年、老年，其肉质是完全不同的。

3. 适口原则

中式烹调的核心在于"味"，而"味"的关键又在于"适口"。所谓"正宗"只是相对的，不存在绝对的"正宗"，"正宗"还要以适口为前提。根据适口原则可以从两方面开发菜肴口味：一是通过消费群体对菜肴风味的需求引导菜肴风味的变化，不能死搬硬套；二是开辟新的味源，引导消费群体接受新的口味。菜肴的质地、温度等都应当遵循适口原则。根据实验结果报告，冷菜的最佳适用温度为 10 ℃ 左右，热菜为 70 ℃ 以上，汤、炖品为 80 ℃ 以上，砂锅、火锅、煲菜为 100 ℃。

4. 美食原则

美食是一个广义的概念，涵盖了饮食追求美感的全部内容。我国烹调美食原则的基本内容包括：注意菜肴色泽的调配、形状的塑造、口味的调和、嗅感的舒畅、触感的适宜、营养的合理、火候的适度；烹调原料的新鲜天然、安全卫生；食物具有强身健体的效果；装盘讲格调，雅致清爽，盘饰明快；菜肴整体和谐完美。

值得注意的是现代美食原则的观点：吃得适量，不要海食；不要一餐饱，一餐饥；美食吃 7 分饱，对身体更有益处。

五、中式烹调的研究内容

中式烹调工艺研究

烹调工艺以科学理论作指导，物质技术设备为保证，操作技能及工艺流程为主干和核心。完整的烹调工艺，离不开烹调设备工具的选择、合适或优质烹饪原料的选择、适合原料加工的工艺、适合菜肴风味的调配工艺。

（一）加工后材料的烹调熟处理工艺

要制作出美味的菜肴，操作人员必须掌握常用的烹调技法。制作菜肴的目的是食用，菜肴的造型工艺也非常重要。

随着生活水平的提升、食材的丰富以及人们对美食的追求发生改变，烹调工艺也要进行改革创新。

1. 烹调设备工具

厨房是烹调工艺的操作场地，掌握烹调工艺常用的设备和工具的种类、性能、使用和保养方法是厨师的必备技能。

2. 烹饪原料的选择

烹饪原料是烹调工艺的物质基础，要准确地实施烹调工艺，就必须依据食用意图和具体品种，科学选择和合理地运用各种类型的烹饪原料，包括主配料和调辅料等（见图 1-1）。

3. 原料加工工艺

原料加工工艺是烹调工艺的重要组成部分，它为后续的烹调工艺提供所需的成型原料，具体包括：烹饪原料的初加工工艺、部位分卸工艺、剔骨出肉工艺、刀工工艺（见图1-2）、整理成型工艺等工序的原理和要求。

图1-1 挑选烹饪原料　　　　　图1-2 原料加工工艺——刀工

4. 风味调配工艺

所谓调配工艺，就是将经过选择、加工后的各种烹饪原料，通过一定的方式方法，按照一定的规格质量标准，进行调和组配的工艺过程，如图1-3所示。

5. 烹调熟处理工艺

烹调熟处理工艺是热量的传递过程，烹调原料从热源、传热介质吸收热量，使自身温度升高，逐步达到烹制的火候要求，如图1-4所示。

图1-3 风味调配原料　　　　　图1-4 烹调熟处理工艺——焯水

6. 常用烹调技法

常用烹调技法包括炒、熘、炸、烧、焖、汆、烩、烤等。烹调工艺要研究这些方法的概念、渊源、原料要求、工艺流程、操作要点、成品特点等内容，如图1-5所示。

7. 菜肴造型工艺

菜肴造型是指将烹调好的菜肴采用一定的方法装入特定的盛器中，以最佳的形式加以表现，最终实现食用品尝的目的，如图1-6所示。

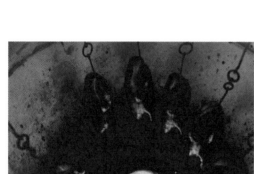

图 1-5　烹调技法——烤　　　　　　图 1-6　菜肴造型

8. 烹调工艺的改革与创新

烹调工艺的改革创新的内容主要是食物原料、烹饪工具和烹调技术的革新。

（二）中式烹调工艺的基本要素

中式烹调工艺的基本要素包括烹饪原料、工具和能源以及技术。烹饪原料既是烹调工艺的物质基础，也是烹调工艺诸要素的核心。工具和能源是烹调的必需设备和加热场所。技术即刀工、火候、勺工、调味、烹调技法。

1. 切实熟练烹调的各项基本功

所谓烹调基本功，就是在烹制菜肴的各个环节中所必须掌握的实际操作技能和手法。只有熟练掌握基本功，才能按照不同烹调工艺的要求，烹制出质量稳定，色、香、味、形、质俱佳的菜肴。

2. 理论联系实际

要学好烹调工艺，首先要学好理论知识，用理论知识来指导实际操作，巩固操作技能。而熟练的操作技能，又可以丰富和提高理论知识。要防止片面性，避免产生只注重理论知识的学习，而忽视操作技能的掌握；或者只会操作，不懂理论的倾向。

3. 勤学苦练，耐心细致，精益求精

烹调工艺是一门技术性、实践性很强的课程，要掌握它，需要锲而不舍地勤学苦练。

4. 处理好继承与创新的关系

学习时我们需要先继承后创新，认真思考前人工作的成功所在和不足之处，然后再有的放矢地进行创新。那种一味遵循祖制的保守观点固然不可取；而哗众取宠搞一时轰动效应的做法同样也不可取。

六、烹调与烹饪的定义及区别

烹调包含两个主要内容：一个是烹，另一个是调。烹就是加热，通过加热的方法将烹饪原料制成菜肴；调就是调味，通过调制，使菜肴滋味可口，色泽诱人，形态美观。烹调就是对食物加热，把生的食物原料加热成熟食，使食物在加热过程中发生一系列的物理和化学变化。这些变化包括食物凝固、软化、溶解，等等。

对于烹饪，"烹"就是煮的意思，"饪"是指熟的意思。狭义地说，烹饪是对食物原料进行热加工，将生的食物原料加工成熟食品；广义地说烹饪是指对食物原料进行合理选择调配，加工洗净，加热调味，使之成为色、香、味、形、质、养兼美的安全无害的、利于吸收、益人健康、强人体质的饭食菜品，包括调味熟食，也包括调制生食。

烹调与烹饪的区别在于：烹调是单指制作菜肴而言；烹饪则是包含菜肴和主食的整个饭菜制作。

任务二　中式烹调基础

知识目标

1. 能描述烹调设备的使用注意事项。
2. 能描述烹调设备的维护要点。

能力目标

能描述菜肴作业流程。

素养目标

1. 具备产品质量控制意识。
2. 具有岗位意识，爱岗敬业精神。
3. 培养学生认真严谨的学习作风，增强团队协作能力及创新意识。

烹调操作中用具的种类繁多，不同地区使用习惯各不相同。烹饪设备与工具的发展经历了由无炊具烹、石烹、陶烹、铜烹、铁烹到现代炊具烹的进化过程，随着烹饪用具品质的提升，餐食也在发生变化。

一、烹饪设备的使用注意

常见的烹饪设备有炉灶设备、烘烤设备、冷藏设备、食品加工切割设备、烟罩设备、清洗消毒设备和粉碎设备，所有这些设备在使用时，一定要遵守相关安全注意事项。

烹调设备器具的
使用及维护

（一）煤气炉灶的使用注意事项

（1）使用时先开鼓风机，然后打开煤气总阀。

（2）打开引火阀，点燃小火，打开风机总阀。

（3）使用完毕先关闭风机总阀，再依次关闭引火阀、总气阀。

（二）蒸柜的使用注意事项

（1）使用前先检查水位，然后打开鼓风机。

（2）打开气阀，点燃引火器，打开火种阀并点燃，关闭引火器，打开风火阀并调到最佳，最后将火种阀关闭。

（3）使用完先关闭风火阀，最后关总气阀，并将风机断电。

（4）使用蒸柜箱门时要轻关、轻开（见图1-7）。

图 1-7 蒸 柜

（三）电炸锅的使用注意事项

（1）将放油口关闭，油面最低要高过加热器 3 厘米，最高油位在油锅深度的 2/3 处。

（2）加热温度及时长需要根据加工食物多少来确定。

（3）油炸锅严禁通电干烧。

（4）设定好温度后，将机器调至自动挡。操作过程中须有人值守。

（5）使用完毕必须待油温降低后排出食用油。

（6）清理锅内剩余残留物，保持锅内清洁。

（7）处理完后将锅盖盖好，以免灰尘污染（见图1-8）。

图 1-8　电炸锅

（四）烘烤设备的使用注意事项

烘烤设备（见图1-9）可用于烤肉、烤鸡翅、烤鱼块、烤鱿鱼丝等；在常规的家庭烘焙制作中用于烤蛋糕、烤面包、烤曲奇、烤泡芙等。烘烤设备还有以下用途：

做巧克力：做巧克力作品时，调至最低温度挡或"解冻"挡，效果相当于巧克力熔炉，使用方便快捷。

发酵：放一小杯水在烤箱，调至最低温度挡，可以当作醒发箱用（做面包、比萨或馒头、包子时，就不用再用大锅蒸水发酵面团了）。

去潮：家里的坚果类食品（瓜子、杏仁、核桃、板栗）受潮不脆了，用烤箱翻热除湿，冷却后会变得很脆，效果非常好。

烘烤设备的特点：大部分热风在箱内循环；利用强制通风作用，箱内设有可调式分风板，使物料干燥均匀；热源可采用蒸汽、热水、电、远红外等，选择广泛；噪声小、运转平稳。温度自控，安装维修方便。

烘烤设备的使用注意事项如下：

（1）开机操作顺序：开炉门→开电源→设定上、下温度→关炉门。

（2）在烘烤食物前，必须先将烤箱预热。

（3）烘烤设备的插座必须单独使用。

（4）不同品牌或尺寸的烤箱其所附的温度控制器多少会有些不同，所以即使是按照食谱上所说的温度烘烤食物也偶尔会发生过焦或不熟的现象。

（5）时间设定应准确：烘烤时间的设定取决于烤箱品牌、容器大小以及食物大小。

（6）烘烤前可在烤盘或烤架上刷一层薄薄的油脂或是铺上锡箔纸。

（7）适用于烘烤的容器：只有纯金属容器可以放入烤箱。

图 1-9　烘烤设备

（五）冷藏设备的使用注意事项

冷藏设备包括电冰箱和冷藏柜。

1. 电冰箱

冷藏电冰箱仅用于冷藏食品，其冷藏室温度为 0～10 ℃；如果带有冷冻室，冷冻室温度一般为 -12～-6 ℃，可短期冷冻少量食品，并可制作少量冰块。

2. 冷藏柜

厨房用的冷藏柜容量比电冰箱大，但比冷库要小得多。

冷藏柜占地不多，使用方便，是厨房冷藏少量食品的主要设备。冷藏柜多为对开门或多门型，日常用的冷藏柜按容积分，有 0.5 m³、1 m³、1.5 m³、2 m³ 和 3 m³ 等规格。冷藏柜按冷藏温度的不同分为高温柜（-5～5 ℃）、低温柜（-18～-10 ℃）和结冻柜（-18 ℃ 以下）。因冷藏柜箱体负载较大，因此一般都用角钢和钢板焊接成箱架，箱体外壳采用不锈钢板制作。

冷藏设备的使用注意事项如下：

（1）电源要放置平稳且电压不能过低。

（2）严禁冰箱、冷藏柜内久不除霜。

（3）不得将热的食品放入冰箱内。

（4）严禁碰损管道系统。

（5）冷藏设备在运行过程中不得频繁断电。

（6）严禁硬捣冰箱内的冻结物品。

（7）冰箱在运行过程中应该尽量减少开门次数。

（8）冰箱内不宜存放酸、碱和腐蚀性化学物质。

（9）冷藏设备不得存放挥发性大的或有怪味的食物。

（六）食品加工切割设备的使用注意事项

食品加工切割设备包括切片机、锯骨机、绞肉机。

1. 切片机

切片机是切、刨肉片以及切脆性蔬菜片的专用工具。该机虽然只有一把刀具，但可根据需要调节切刨厚度。切片机在厨房常用来切割各式冷肉、土豆、萝卜、藕片，尤其是刨切涮羊肉片，所切之片大小、厚薄一致，省工省力，使用频率很高。

2. 锯骨机

锯骨机主要用于切割大块带骨肉类，如火腿、猪大排、肋排、牛脚或猪脚及冷冻的大块牛肉、猪肉等食品原料。锯骨机是通过电动机带动环形钢锯条转动来切割食品的，是大型宾馆、餐馆切配中心、加工厨房不可缺少的设备。尤其是在西餐厨房加工骨牛排、西冷牛排、牛膝骨等食材时作用极大。

3. 绞肉机

使用绞肉机时，需首先将肉去皮去骨并分割成许多小块，再由入口投进绞肉机中，启动机器后在孔格栅挤出肉馅。肉馅的粗细可由绞肉的次数来决定，反复的次数越多，肉馅绞得越细碎。该机还可用于绞切各类蔬菜、水果、干面包等，使用方便，用途很广。

食品加工切割设备的使用注意事项如下：

（1）防止衣物和首饰卷入机械。

（2）在组装、清洗和拆卸设备前要先关闭电源，确认设备断电后才能进行操作。

（3）注意不要让手接触到设备的刀口。

（4）不要敞开设备或用手直接取出原料。

（5）遵循说明书上的顺序进行操作。

（七）烟罩设备的使用注意事项

烟罩设备的功能是排除厨房内的油烟及热气，因此，需定期清洗防止油污堆积。

1. 滤网式烟罩

滤网式烟罩投资不高，排气效果好，排油烟亦可；但清洗工作量大。

2. 运水烟罩

运水烟罩是比较先进的抽排油烟设备。它将厨房烹调时产生的油烟利用加有清洁剂的水过滤然后排放出去，以保持厨房空气清新，也不会对环境造成破坏，是新型环保型抽排油烟设备。

（八）清洗消毒设备的使用注意事项

清洗消毒设备主要是指餐具消毒柜（见图 1-10）。餐具消毒柜的大小不一，常见的有直接通气式和远红外加热式两种。

直接通气式工作时将锅炉蒸汽送入柜中，因此也称作蒸汽消毒柜。它没有其他加热部件，使用较方便。

红外线消毒柜采用远红外辐射电加热元件，具有升温迅速、一机多用等特点。

清洗消毒设备的使用注意事项如下：

（1）消毒时应根据蒸汽量的大小来调整风孔，以排出柜内的蒸汽。

（2）使用前外壳必须接好地线，以确保人身安全。

（3）未放餐具的空箱体不能在高温下烘烤时间过长，否则会使箱体变形。

（4）柜内的餐具应合理摆放。

（5）必须经常擦拭箱体内部，以保持清洁卫生；操作时不要撞击远红外管以免其受损。

图 1-10　消毒设备

（九）粉碎设备的使用注意事项

粉碎设备主要是指食品垃圾粉碎器（见图 1-11）。食品垃圾粉碎器是一种现代化的厨房电器。它提供了一种新方法来处理厨房的食物垃圾。食品垃圾粉碎器安装在厨房水槽下面，并连接到排水管上，通过厨房的水龙头注入冷水之后，按一下按钮便可启动设备。只需数秒，处理器就可以将食物垃圾碾碎成细小的颗粒，这些颗粒被冲出碾碎室并进入化粪池或污水系统。

粉碎设备的使用注意事项如下：

（1）防止衣物和首饰卷入机械。

（2）在组装、清洗和拆卸设备前应先关闭电源，确认设备断电后才能进行操作。

（3）注意不要让手接触到设备的刀口。

（4）不要敞开设备或用手直接取出原料。

（5）遵循说明书上的顺序进行操作。

图 1-11 粉碎设备

二、烹饪设备维护要点

（一）炉灶设备——煤气炉灶的维护要点

（1）每天使用完毕后，操作人员应将设备中的残渣清扫干净。

（2）清理残渣时要将杂物清出，严禁将杂物冲入下水道造成下水道堵塞，由炉灶负责人监督。

（3）操作人员清理残渣时不能用水冲洗炉灶内部，以免造成炉膛爆裂，使水进入煤气管道内造成管道内腐蚀存在潜在危险。

（4）严禁无人点火，由炉灶负责人监督。

（5）操作人员下班前应检查总阀。

（二）炉灶设备——蒸柜的维护要点

（1）每天使用完毕后，操作人员应将蒸箱内的残渣清扫干净。

（2）操作人员使用完毕，应将设备内外擦拭干净。

（3）操作人员下班应将设备内外擦拭干净。

（4）工程部每两周安排一次除水垢。

（5）操作人员使用前必须检查水位。

（6）每周对蒸箱补水箱内的油垢进行清理。

（三）炉灶设备——电炸锅的维护要点

（1）每次排污应在厨房使用完毕后的下午进行。

（2）排污时，打开蒸箱底下阀门将水排掉加入新水，水加满自动停止则表明设备排污正常。

（3）检查联动阀是否有松动脱节现象。

（4）检查鼓风机连接线是否虚接、变色。

（5）检查风叶、管道是否漏风，有问题应及时处理。

（6）检查电机运转是否有噪声，出风压力是否正常。

（7）检查蒸箱门拉簧是否有断裂、脱落。

（8）检查完毕恢复设备，做好检修登记。

（四）烘烤设备的维护要点

（1）每次使用完都应彻底清洗烤盘与烤架。

（2）在刚烘烤完食物后，烤箱的玻璃门或外壳温度尚未冷却时，不可用冷抹布擦拭或喷洒冷水降温，否则可能会因温度急速变化而导致其破裂。

（3）如果烘烤完后留有不好的气味，可以在烤箱内放一些橘子皮，以低温烘烤3~5分钟，就能使烤箱保有淡淡的香味。

（五）冷藏设备的维护要点

（1）定期检查冰箱制冷情况和线路情况。

（2）定期对冰箱内的食物进行清理。

（3）定期对冰箱进行除冰清洗。

（六）食品加工切割设备的维护要点

（1）日常保养：又称为例行保养，主要内容包括清洁、润滑，紧固易松动的零件，检查零件、部件是否完整。

（2）一级保养：主要内容包括全面检查，拧紧、清洁、润滑、紧固，对部分零件

进行调整。

（3）二级保养：主要内容包括内部清洁、润滑、局部解体检查和调整。

（4）三级保养：主要是对设备主体部分进行解体检查和调整工作，必要时对达到规定磨损限度的零件予以更换。

（七）烟罩设备的维护要点

（1）定时对通风管道进行检查。

（2）定时对油烟机进行清洗，以免电机、涡轮及油烟机内表面粘油过多。

（3）非专业人员不得对设备进行拆卸。

（八）消毒设备的维护要点

（1）定期对电子食具餐具消毒柜进行清洁保养，将柜身下端集水盒中的水倒出抹净。

（2）清洁时，先拔下电源插头，用湿布擦拭消毒柜内外表面，禁止用大量的水冲淋电子食具餐具消毒柜，若柜体太脏，可先用中性洗涤剂擦抹，再用湿布擦掉洗涤剂，最后用干布擦干水分。

（3）清洁时，禁止撞击石英加热管和臭氧发生器。

（九）粉碎设备的维护要点

（1）日常保养：又称为例行保养。主要内容包括清洁、润滑，紧固易松动的零件，检查零件、部件是否完整。

（2）一级保养：主要内容包括全面检查，拧紧、清洁、润滑、紧固，对部分零件进行调整。

（3）二级保养：主要内容包括内部清洁、润滑、局部解体检查和调整。

（4）三级保养：主要是对设备主体部分进行解体检查和调整工作，必要时对达到规定磨损限度的零件予以更换。

三、菜肴作业流程

烹调岗位及相关工作程序主要包括打荷、炉灶烹调、盘饰用品　菜肴烹调作业流程
制作、大型活动的餐具准备和菜肴退回厨房的处理等。

（一）打荷工作程序及要求

1. 打荷工作的标准及要求

（1）台面清洁，调味品种齐全，陈放有序。

（2）吊汤原料洗净，吊汤用火恰当。

（3）餐具种类齐全，盘饰花卉数量适当。

（4）分派菜肴给炉灶烹调恰当，符合炉灶厨师技术特长或工作分工。

（5）符合出菜顺序，出菜速度恰当。

（6）餐具与菜肴相配，盘饰菜肴美观大方（见图1-12、图1-13）。

（7）盘饰速度快捷，形象美观。

（8）打荷台面干爽，剩余用品收藏及时。

图 1-12　清洁盘饰　　　　　　　　图 1-13　盘饰花卉

2. 打荷的工作步骤

（1）清理工作台，取出、备齐调味汁及糊浆。

（2）领取吊汤用料，吊汤。

（3）根据营业情况，备齐餐具，领取盘饰用花卉。

（4）将各类菜肴传达、分派给炉灶厨师烹调。

（5）为烹调好的菜肴提供餐具，整理菜肴，进行盘饰。

（6）将已装饰好的菜肴传递至出菜位置。

（7）清洁工作台，用剩的装饰花卉和调味汁、糊冷藏，餐具放归原位。

（8）清洗、消毒、晾挂抹布；关、锁工作门柜。

（二）盘式用品制作程序及要求

1. 盘饰用品制作标准与要求

（1）盘饰花卉至少有8个品种，数量足够。

（2）每餐开餐前30分钟备齐。

2. 盘式用品制作步骤

（1）领取备齐食品雕刻用原料及番茄、香菜等盘饰用蔬菜。

（2）清理工作台，准备各类刀具及盛放花卉用盛器。

（3）根据装饰点缀菜肴需要，运用各种刀法雕刻一定数量、不同品种的花卉。

（4）整理、择取一定数量的番茄、香菜等头、蕊、叶等，置于盛器，留待盘饰使用。

（5）将雕刻、整理好的花卉及蔬菜，用保鲜膜封盖，集中置于低温处，供开餐打荷使用。

（6）清理、保管雕刻刀具、用具，用剩原料放归原位，清洁整理工作岗位。

（三）大型餐饮活动厨房餐具准备程序及要求

1. 准备要求

（1）餐具规格、数量符合盛菜要求。

（2）餐具摆放位置合适，取用方便。

2. 大型餐饮活动厨房餐具准备步骤

（1）根据大型餐饮活动菜单，分别列出各类餐具名称、规格、数量。

（2）向餐务部门提出所需餐具的数量及提供时间。

（3）分别领取各类餐具，区别用途及分类存放于冷菜间、热菜出菜台及其他合适位置（见图1-14）。

（4）与菜单核对，检查所有菜点品种是否都有相应餐具，拾遗补漏。

（5）取保鲜膜或洁净台布将餐具遮盖，防止灰尘污染或被随意取用。

（6）大型餐饮活动开始后，揭去遮盖，根据菜单分别取用餐具。

（7）大型餐饮活动结束后，洗碗间及时负责将餐具归位。

图 1-14 厨房餐具准备

（四）炉灶烹调工作标准与要求

1．炉灶烹调工作标准与要求

（1）调料罐放置位置正确，固体调料颗粒分明、不受潮，液体调料清洁无油污，添加数量适当。

（2）烹调用汤：清汤要清澈见底，白汤要浓稠乳白。

（3）焯水蔬菜色彩鲜艳，质地脆嫩，无苦涩味；焯水荤料去尽腥味和血污。

（4）制糊投料比例准确，稀稠适当，糊中无颗粒及异物。

（5）调味用料准确，口味、色泽符合要求。

（6）菜肴烹调及时迅速，装盘美观。

2．炉灶烹调工作步骤包括

（1）准备用具，开启排油烟罩，点燃炉火使之处于工作状态（见图1-15）。

（2）对不同性质的原料，根据烹调要求，分别进行焯水、过油等初步熟处理。

（3）吊制清汤、上汤或浓汤，为烹制高档及宴会菜肴做好准备。

（4）熬制各种调味汁，制备必要的用糊，做好开餐的各项准备工作。

（5）开餐期间，接受打荷安排，根据菜肴的规格标准及时进行烹调。

（6）开餐结束，妥善保管剩余食品及调料，擦洗灶头，清洁整理工作区域及用具。

图1-15　炉灶烹调

（五）口味失当菜肴退回厨房处理标准与要求

1．正常菜肴处理标准

（1）处理迅速，出菜快捷。

（2）菜肴口味符合要求，质量可靠，出品形象美观。

2. 口味失当菜肴退回厨房处理步骤

（1）餐厅退回厨房口味失当的菜肴，及时向厨师长汇报，交厨师长复查鉴定；若厨师长不在，交当场最高技术岗位人员鉴定，尽快安排处理。

（2）确认系烹调失当、口味欠佳的菜肴，交打荷即刻安排炉灶调整口味，重新烹制。

（3）无法重新烹制、调整口味或对出品形象破坏太大的菜肴，由厨师长交配份岗位重新安排原料切配，并交给打荷。

（4）打荷接到已配好或已安排重新烹制的菜肴，及时迅速分派炉灶烹制，并将情况交代清楚。

（5）烹调成熟后，按规格装饰点缀，经厨师长检查认可，迅速递于备餐划单出菜人员上菜，并说明情况。

（6）餐后分析原因，采取相应措施，避免类似情况再次发生，处理情况及结果在相关处记录。

项目二 烹调加工技艺

任务一 烹调初加工技能

知识目标

1. 能描述鲜活原料的初加工方法及要求。

2. 能描述干制原料的涨发和加工制品的处理方法及要求。

3. 能描述其他加工制品的处理方法及要求。

能力目标

1. 能对鲜活原料进行正确初加工。

2. 能对干制原料进行正确涨发和加工制品处理。

3. 能对其他加工制品进行正确处理。

素养目标

1. 具备产品质量控制意识。

2. 具有岗位意识,爱岗敬业精神。

3. 培养学生认真严谨的学习作风,增强团队协作能力及创新意识。

一、鲜活原料的初加工

鲜活原料是指经鉴别选择后的未作任何加工处理的动植物烹饪原料,主要包括植物原料、畜类原料、禽类原料、水产及其他原料。这类原料一般不能直接用于切配或烹调,需要经过初步加工的过程。鲜活原料初加工目的:一是清除不符合食用要求的部位或对人体有害的成分;二是有利于进一步烹饪加工。

为了实现初加工的上述两个目的，既要遵循去劣存优、弃废留精的原则，又要物尽其用，避免浪费，同时还要了解菜肴的特点，结合原料的特性，使初加工的操作适应烹调的要求，以确保菜肴的质量。

（一）植物原料的初加工

植物原料主要包括谷类、豆类、薯类粮食，各种蔬菜，各种果品；常见的为鲜活植物性原料。

鲜活植物性原料主要包括蔬菜和水果两大方面。蔬菜是植物性原料中种类最多的一大类，是烹饪原料的构成主体；水果类原料除了可以生吃，更可以入馔成菜，是人们生活不可或缺的部分。一般的果蔬类原料大多含有丰富的维生素、无机盐等微量物质，虽然其含量很少却能够维持人体正常的生命活动；同时，果蔬类原料还含有大量的膳食纤维，能够促进人体的肠胃蠕动，帮助人体对食物的消化吸收和废弃物的排泄，有助于人体的排毒养颜；另外一些蔬菜类原料如莲藕、土豆、薯芋等，还含有大量的碳水化合物，能提供给人体所需要的经济热能。总之，蔬菜类原料含有人类所必需的营养素如维生素、无机盐、脂肪和蛋白质（如豆类原料等）等，为人类的体质健康提供了丰富的膳食来源。

1. 植物原料的初加工方法

新鲜果蔬类原料是烹饪中的重要材料，它们既可以作为主料，单独烹制出风味各异的素菜，如炖菜核、蜜汁山药、麻酱黄瓜、奶汤蒲菜、酿苹果、拔丝香蕉等经典佳肴；也可以作为配料，与动物性原料结合，如青椒炒肉丝、韭黄炒蛏子、萝卜烧肉、菠萝咕咾肉等，共同烹制出美味佳肴。自改革开放以来，我国引进了世界各地的多种果蔬品种，极大地丰富了烹饪原料。

随着人们生活水平的日益提高，新鲜果蔬类原料逐渐受到人们的青睐。它们不仅被用来制作高档的素菜精品，更因其具有预防癌症、治疗疾病等健康益处，而被广泛加工成各种保健食品，以满足人们对健康饮食的追求。

其他植物原料的初加工包括：花生、桃仁、松仁的挑选与去皮加工，芝麻的去杂加工，各种新鲜水果的去皮加工，等等。

2. 植物原料的初加工原则

植物原料尤其是蔬菜是烹调原料中品种最为丰富的一部分，使用最为广泛，在初步加工过程中要最大限度保持其营养成分，保持其本身的食用价值。

1）摘剔加工的原则

摘剔加工时应尽量保持可食部位的完整性，使原料的成形功能不受破坏；同时应根据成菜的要求进行加工，尽量保留原料的可食部位（见图2-1）。

图 2-1　摘剔加工

2）洗涤加工的原则

洗涤加工应确保食物的安全和卫生，以及菜肴的风味。洗涤加工时要注意保护营养素，除先洗后切外，洗涤时还要注意动作轻柔，切不可用力搓揉或挤压，以免破坏原料的组织结构，导致养分流失（见图 2-2）。

图 2-2　洗涤加工

3）去皮加工原则

许多根茎类蔬菜、鲜果、干果原料需要去皮加工，去皮加工的原则是掌握正确、快速的去皮方法，同时保证原料的完整形态（见图 2-3）。

图 2-3　去皮加工

4）植物原料的保鲜原则

植物原料应注意保色和保鲜（见图 2-4），加工后应迅速烹调。有些原料去皮后，可用水浸泡的方法保存，这样既可防止原料变色，也可保鲜。

图 2-4 植物保鲜

（二）畜类原料的初加工

畜类动物从宰杀到内脏的初步整理大多在专门的屠宰加工厂进行，烹饪加工只对动物肉类及副产品进行修整和卫生性洗涤处理。

禽畜类原料初加工

1. 畜肉的修整及洗涤

修整是为了去除畜肉上能够使微生物繁殖的损伤、淤血、污秽物等。首先应割除残余脏器、带血黏膜及横膈膜，修去粗组织膜，修除颈部淤血肉、伤肉、黑色素肉，割除粗血管、有害腺体、脓包、皮肤病伤痕，然后修除残毛、浮毛，刮去污垢，再用清水冲洗，冬天宜用温水冲洗，使外观清爽整洁（见图 2-5）。

图 2-5 修整后肉制品

2. 副产品的整理与清洗

畜类的副产品原料又称下水或杂碎，主要包括头、尾、蹄、内脏（肝、心、肾、胃、肠、肺）、血液、公畜外生殖器等（见图 2-6）。

图 2-6　畜类副产品

3. 畜肉的分割与剔骨处理

畜肉的分割与剔骨处理的主要目的：使原料符合后续加工的要求，多方位体现原料的品质特点，扩大原料在烹调加工中的使用范围，调整或缩短原料的成熟时间，便于提高菜肴质量，利于人的咀嚼与消化，满足不同人群对菜肴的多种需求。

（三）禽类原料的初加工

禽类原料主要为家禽，家禽指鸡、鸭、鹅、鸽子等。禽类原料的初加工与猪、牛、羊一样，已退出厨房，但少量菜肴因成形的需要，对禽类原料的加工有特别的要求，所以仍需要在厨房中进行加工处理。如八宝鸭、葫芦鸡、风鸡、腊鸭等特色菜肴的制作，从宰杀到成形都有不同的要求，所以熟悉和掌握基本的初步加工技术是必要的。

1. 禽类原料的初加工

1）宰　杀

禽类原料的宰杀方法主要有放血宰杀和窒息宰杀两种。放血宰杀就是用刀割断喉部的气管和血管，然后将血液放出致死。

2）煺　毛

煺毛分湿煺和干煺两种。家禽一般用湿煺法。

3）开　膛

开膛的目的是取出内脏，但应配合烹调的需要而选择切开的部位。

4）内脏整理

禽类原料的内脏中最常用的是肝、心和胃肌，体型较大的家禽，其肠、脂肪、睾丸、卵等也都可以加工食用。

此外，头、颈、舌头、翅膀、脚爪经过清理干净后，都可以归类成菜。

2.　禽类原料的分档取料

常用于分档的禽类原料主要是鸡。鸡的主要肌肉有鸡脯肉、鸡大腿肉、鸡腹肉、鸡小腿肉、鸡翅膀肉。这里以鸡为例，说明分档取料方法（见图 2-7）。

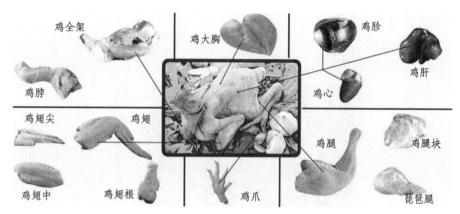

图 2-7　鸡的分档取料图

鸡的分档取料及各部位用途：

（1）鸡腿肉（鸡腿）：肉质较厚、较老，可整用，也可加工成丁、剁块，不适宜切片、切丝或制糜。适于炒、爆、熘、炸、烧、煮、卤等。

（2）鸡脯肉（鸡大胸）：是烹饪用途最大的部位，肉质很嫩，宜于加工片、丝、丁、条、糜等，适于炒、熘、炸、煎、汆等多种烹调方法。其中呈长条状的鸡里脊肉，是最嫩的部位，适宜切片、剁茸之用。

（3）翅膀肉（鸡翅）：宜于煮、酱、卤、炸、烧、炖等。

（4）鸡头、鸡颈、鸡架、鸡爪：宜于酱、卤、煮等。

（5）鸡肝、鸡心、鸡胗等：可整用也可加工成片、花刀块等，宜于卤、酱、炒、爆等。

3.　禽类原料的整料去骨

鸡、鸭等原料适用于整禽去骨，出骨方法大致相同，整鸡出骨有较强的技术性。去骨后的鸡应皮面完整，刀口正常，不破不漏。过嫩、过肥、过瘦的鸡都不利于整料剔骨。

1）整鸡去骨法

（1）划开颈皮，斩断颈骨。在鸡颈和两肩相交处，沿着颈骨划一条长约 6 厘米的刀口，从刀口处翻开颈皮，拉出颈骨，用刀在靠近鸡头处，将颈骨斩断，需注意不能碰破颈皮。

（2）去前翅骨。

（3）去躯干骨。

（4）出后退骨。

（5）翻转鸡肉。

此外，还有一种整鸡腹部出骨法（略）。

2）去骨整禽的烹饪应用

整禽去骨的目的就是在腹腔内填入馅心，这样加热成熟后，外形十分饱满、美观（见图 2-8）。在腹腔内填入八宝馅是高端宴席上常见的做法。

图 2-8　去骨整禽的烹饪菜品图

（四）水产原料的初加工

水产原料的品种很多，有鱼类、虾蟹类、软体贝类等，形态多样，加工和处理的方法也因具体品种的不同而各有差异。本节分别介绍鱼类原料和其他水产原料的初加工，烹饪中利用的两栖、爬行类原料，由于它们的形体结构比鱼类、畜类要复杂，但品种较少，故也纳入本节介绍的范围，重点介绍鱼类原料。

水产类原料初加工

1. 鱼类原料的初加工

1）体表及内脏的清理加工

①煺鳞加工→②去鳃加工→③开膛加工→④内脏清理→⑤无鳞鱼的黏液去除加工。

由于无鳞鱼的体表有发达的黏液腺，多栖息于腐殖质较多、土质肥沃的水塘污泥处，从而使鱼体内和体表的黏液中带有较重的土腥味，而且非常黏滑，不利于加工和烹调。因此，在烹制之前，首先必须去除其体表的黏液，使土腥味大大减轻，从而使成菜达到肉味鲜美的要求。常见去除黏液的方法有浸烫法和盐醋搓揉法两种。

2）鱼的分割与剔骨加工

鱼的分割与剔骨加工（见图 2-9）对体现鱼的各部位特点、提高食用效果和经济价值具有一定的积极意义。要正确分割与剔骨，提高使用率、出肉率，就必须了解鱼的骨骼与肌肉结构。

图 2-9　全鱼分割

3）整鱼剔骨

整鱼剔骨是指将鱼体中的主要骨骼去除，而保持外形完整的一种出骨技法（见图 2-10）。整鱼剔骨是烹饪工艺中的一项特殊的技艺，其菜肴一般列入中高档菜肴中，如"脱酿黄鱼""八宝刀鱼""脱骨八宝鳜鱼""三鲜脱骨鱼"等，都是采用将整条鲜鱼脱骨的方法，再酿入馅心后熟制成熟。

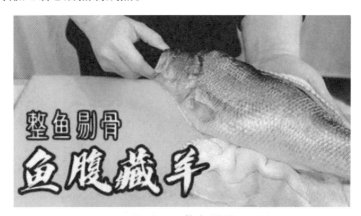

图 2-10　整鱼剔骨

2. 其他水产品的初加工

1）虾的初加工

虾类原料一般洗净后可整只烹调，既方便又美观；如需加工，主要是剪去额剑、触角、步足，体型较大的需要剔去背部沙肠（见图 2-11）。大龙虾一般不需剪去触角，因为触角中也带有肉质，而且装盘时还有美化作用。加工时要将虾卵保留，经烘干后可制成虾子，它是非常鲜美的调味料。

图 2-11　虾的初加工——虾仁

2）蟹的初加工

蟹类品种也十分丰富，常见的海产蟹有梭子蟹、锯缘青蟹等，淡水蟹有中华绒螯蟹、溪蟹等。蟹在加工前，应将其静养于清水中，让其吐出泥沙，然后用软毛刷刷净骨缝、背壳、毛钳上的残存污物，最后挑起腹脐，挤出粪便，用清水冲洗干净即可。加热前可用棉线将蟹足捆扎，以防受热后蟹足脱落，保持完整造型。蟹初加工工艺流程：蟹→活养→刷洗→挑起腹脐挤出粪便→洗涤→撬开壳→清洗（刷洗）。

3）软体动物的加工

软体动物的特征是身体柔软、不分节，身体由头、足、内脏囊、外套膜和贝壳 5 部分组成。可用来作为烹饪原料的品种很多，许多名贵的海产原料都在其中（见图 2-12）。

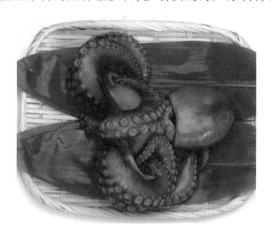

图 2-12　软体动物的加工

3．两栖、爬行类原料的初加工

烹饪中利用的两栖、爬行类原料主要是蛙类、蛇类、龟鳖类原料。

1）蛙类的加工

现以牛蛙的加工为例加以说明。首先将牛蛙摔死或用刀背将其敲昏，然后从颈部下刀开口，沿刀口剥去外皮，剖开腹部，摘除内脏（肝、心、油脂可留用），然后用清水洗净。也有一些菜肴无须去皮，如"爆炒牛蛙""八宝牛蛙"等，但需要用盐搓揉表皮，再用清水冲洗干净。牛蛙初加工工艺流程：牛蛙—宰杀—剥皮、去内脏—整理—洗涤，如图 2-13 所示。

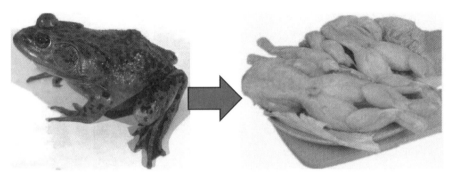

图 2-13　牛蛙的初加工

2）蛇的加工

蛇是爬行动物中种类最多的一类，我国约有 170 多种，其中分为有毒蛇和无毒蛇，烹饪中利用的蛇类原料主要是来自人工饲养的专供食用的无毒蛇。蛇的形体特征比较相似，加工方法也基本相同。

3）龟鳖类的加工

这类原料中常用的是中华鳖，又称甲鱼、水鱼、团鱼等。甲鱼必须要活宰，加工的方法一般有两种，一种是清蒸、红烧、炖汤时的加工方法，另一种是用于生炒或酱爆的方法。甲鱼初加工工艺流程：甲鱼—宰杀—水烫、刮洗—剖取内脏—清洗—待用。

二、干制原料的涨发和加工制品的处理

干制品是指新鲜烹饪原料经过干制后的产品。干料具有干、硬、老、韧的特点。干制原料涨发也称干料泡发，就是用不同的加工方法，使干制原料重新吸收水分，最大限度地恢复其原有的形态和质地，同时去除原料中的杂质和异味，便于切配、烹调的原料加工方法。

干制原料的涨发

（一）烹饪原料干制的目的

（1）在不破坏原料固有本质特性的前提下，防止原料腐败变质，从而能在室温条件下长期保藏，以便于延长原料的供应季节，平衡产销高峰，交流各地特产。特别是原料脱水后，重量减轻，便于储藏、运输、携带，方便供应。

（2）改变原料本来的性质，进一步提高嗜好性。如存放一年以上的干鲍鱼色泽较深，如存放得当，鲍鱼味会更浓，起"糖心"更好。

干制原理就是利用加热等方法，使原料的水分降到足以防止微生物繁殖、变质，使微生物失去必需的生活条件的水平。

（二）干制原料涨发的工艺流程

1. 涨发前的加工

干制原料在正式涨发前要经过一定的加工过程，目的是为正式涨发扫除障碍，提供条件。主要的加工方法有浸洗、烘焙、烧烤，以及对原料的初步修整等。

2. 正式涨发

这是干料涨发最关键的阶段。在这一阶段，干制原料基本涨大，形成疏松、饱满、柔嫩的质态，达到干料涨发特定的品质要求。干料涨发主要有碱溶液浸发和煮、焖、蒸、泡及油炸、（盐）炒等方法。

3. 涨发后的浸漂保存

这是干料涨发过程的最后阶段，干料最终达到充分膨胀、吸水而松软的质量要求，并通过进一步的清理，去除杂质，洗涤干净，从而符合卫生的需要。此过程仅限于纯净水的浸发方法。

（三）干制原料的涨发方法

根据使原料涨大的主要介质，可将干制原料的涨发方法分为水发（见表 2-1）、蒸发、碱发、油发、盐发、砂发等。其中，水发是最基本的发料方法，其他方法大都离不开水发。有人将火发归为涨发的一种类型，实际上火发是某些原料在正式涨发之前的加工处理，是用火烧去原料粗劣的外皮，以便于正式涨发，如乌参、岩参的涨发。

表 2-1　常见干制原料涨发方法（示例）

方法			适用范围	原理
水发	冷水发	浸发	适于体小质嫩的干料可直接用冷水浸透，如香菇、口蘑、银耳、木耳、黄花菜等	水渗透涨发
		漂发	用于整个发料过程的最后，如海参、鱼皮、鱿鱼等涨发的最后一道工序是漂发	
	温水发		适于冷水发的原料一般适于温水发，特别是在冬季	
	热刚头	泡发	适于体小、质微硬、略有杂质的干料，如银鱼、粉丝、干粉皮、脱水菜等。泡发还可以和其他发料方法配合使用，如猴头蘑、莲子、海参、鱼翅等涨发需先泡，以免干料煮、焖、蒸发后破裂	
		对洲	适于体大厚重和特别坚韧的原料，如熊掌、海参、牛蹄筋、大鱼翅等	
		焖发	适用于体形大、质地坚实、腥膻臭异味较重的干料，如鱼翅、驼掌(蹄)、牛筋，某些海参以及鲜味充足的鲍鱼和淡菜等	

1．水涨发

1）水发原理

（1）毛细管的吸附作用。用水浸泡干料，使水沿着原来体内水分蒸发而出的通道（毛细血管）进入干料体内，由于水渗透扩散作用使干料体积逐渐膨润变得软韧，基本恢复原状。

（2）渗透作用。

（3）亲水性物质的吸附作用。

（4）水性物质的吸附作用。

水发在干制原料涨发中应用范围最广。即使采用其他涨发方法，也必须再用水发处理。根据涨发过程中水温的不同，水发分为冷、温水浸发与热水涨发两种，其一般工艺如图 2-14 所示。

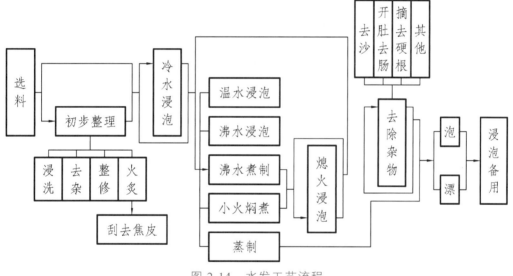

图 2-14　水发工艺流程

2）冷水发

冷水发是将干制原料放在冷水中，使其自然吸收水分，尽可能恢复新鲜时的软嫩状态，或漂去干料中杂质和异味的方法。冷水发可分为浸发和漂发两种方法。

（1）浸发：就是将干制原料直接用冷水浸没，使原料自然涨发的一种方法。浸发的时间长短要根据干料的大小、老嫩、松软和坚硬程度而定。浸发适宜原料包括：体小原料，如香菇、口蘑、银耳、木耳、黄花菜（学名为萱草、也称"金针菜"）、香菇、竹荪等；体厚原料，如海参（海参的浸泡又称为预发海参）、干玉兰片等。

（2）漂发：就是把干料放在水中，不时地挤捏，或者用流水缓缓地冲，让其继续吸水并除去杂质和异味的一种方法。

【示例】口蘑（见图 2-15）的泡发方法。

口蘑是生长在内蒙古草原上的一种白色伞菌，属野生蘑菇，一般生长在有羊骨或羊粪的地方，味道异常鲜美，由于内蒙古土特产以前都通过河北省张家口市输往其他省市，张家口是内蒙古货物的集散地，所以被称为"口蘑"。由于其产量不大，需求量大，所以价格高，目前仍然是国内市场上较为昂贵的一种蘑菇。

干口蘑先用冷水泡发 3~5 小时（水可以食用），洗净剪去根蒂。再改用温水泡发。

图 2-15　口蘑

【示例】竹荪（见图 2-16）的泡发方法。

竹荪是寄生在枯竹根部的一种隐花菌类，形状略似网状干白蛇皮，它有深绿色的菌帽，雪白色的圆柱状的菌柄，粉红色的蛋形菌托，在菌柄顶端有一围细致洁白的网状裙从菌盖向下铺开，被人们称为"雪裙仙子""山珍之花""真菌之花""菌中皇后"。竹荪营养丰富，香味浓郁，滋味鲜美，自古就列为"草八珍"之一。竹荪是名贵的食用菌，历史上列为"宫廷贡品"，近代作为国宴名菜。

竹荪干品烹制前应先用淡盐水泡发或者清水泡软，洗去泥沙，并剪去菌盖头（封闭的一端），否则会有怪味。

图 2-16　竹荪

3）热水发

热水发就是把干料放在热水中，或采用各种加热方法，使干料体内的分子加速运动，加快吸收水分，使之成为松软嫩滑的全熟或半熟的半成品的方法。热水发一般使水温保持在 60 ℃ 以上。依据加热方式，热水发又细分为泡发、煮发、焖发和蒸发。

（1）泡发：就是把干料放入热水中（或将干料置于容器中，用热水直接冲入容器中）浸泡，使原料受热迅速膨胀的方法。操作中应不断更换热水，以保持水温。泡发适用于一些体小、质微硬、略有杂质的干料，如银鱼、粉丝、干粉皮、脱水菜等。泡发还可以和其他发料方法配合使用，如猴头蘑、莲子、海参、鱼翅等，涨发前需先泡，以免干料煮、焖、蒸发后破裂。泡发时应不断更换热水，以保持水温。夏天泡发水温可适当低些。适用于冷水浸发的干料也可用热水泡发。

（2）煮发：是将干料放在水中，在火上加热，使水温保持在沸点状态下（这时水分子热运动速度达到最大值，强力地向干料体内渗透），促使原料加速吸水的一种涨发方法。对体大厚重和特别坚韧的原料，如熊掌、海参、牛蹄筋、大鱼翅等，还需适当保持一段微沸状态，时间为 10 ~ 20 分钟不等。有的原料还可反复煮发，但不能一次性长时间煮发，以免产生外部水化过快，内部水化不够的不平衡状态。另外，在煮前要用冷水或热水泡一段时间，以免烧煮时原料皮面破裂。

（3）焖发：将原料置于密闭容器中，保持在一定温度上，使原料内外涨发平衡的过程叫焖发。焖发实际上是煮发的后续过程。某些原料不能一味地用煮发方法进行涨发，否则会使外部组织过早发透，外层皮开肉烂，而内部组织仍未发透，影响涨发后原料的品质。此法适用于体形大、质地坚实、腥膻臭异味较重的干料，如鱼翅、驼掌（蹄）、牛筋、某些海参，以及鲜味充足的鲍鱼和淡菜等。焖发的温度因物而异，一般为 60 ~ 85 ℃ 不等。传统的方法是用微火保温或将煮发后的干料置于保温设备（如保温箱或桶）中。

（4）蒸发：就是把干料放入盛器内，加入少量水或鸡汤、黄酒等，置笼中加热，利用水蒸气使干料发透。蒸发的原理与煮、泡、焖相似，所不同的是蒸发是利用水蒸气加热，避免了原料与水接触，有利于保持鲜味干料的本味和保持干料外形的完整。它适合于一些体小易碎易散的干料，如干贝、虾干、鱼唇、鱼骨、莲子等。蒸发也可作为煮发、焖发的后续过程。

热水发料是一种广泛应用的发料方法。应根据原料的性质、品种，采用不同的水温和涨发形式，可采取一次性的形式，也可采取多次反复和不同方法合用的形式。此法加工后的原料已成为半熟、全熟的半成品，经切配后就可烹调成菜，因此对菜肴的质量影响很大，水发过度则形烂，质软烂不美观；发不透则僵硬，无法食用。只有掌握好发料的时间、火候，才能获得较好的发料效果。

水发工艺关键是干制原料的预发加工、涨发方法的选择、水温和涨发时间的调控和对原料进行适时的整理。

【示例】猴头菇（见图 2-17）的泡发方法。

猴头菇，属齿菌科菌伞表面长有毛茸状肉刺，长约 1～3 厘米，它的子实体圆而厚，新鲜时白色，干后由浅黄至浅褐色，基部狭窄或略有短柄，上部膨大，直径 3.5～10 厘米，远远望去似金丝猴头，故称"猴头菇"，又像刺猬，故又有"刺猬菌"之称。猴头菌是鲜美无比的山珍，菌肉鲜嫩，香醇可口，有"素中荤"之称。

干猴头菇适宜用水泡发而不宜用醋泡发，泡发时先将猴头菇洗净，然后放在热水或沸水中浸泡 3 个小时以上（泡发至没有白色硬芯即可，如果泡发不充分，烹调的时候由于蛋白质变性很难将猴头菇煮软）。

图 2-17　猴头菇

2．碱发工艺

1）碱发原理

纯碱（碳酸钠，俗名大苏打、纯碱、洗涤碱，分子式 Na_2CO_3），是一种强电解质，在水中完全电离产生的碳酸根离子发生水解生成氢氧根离子，使溶液呈碱性。稀碱溶液中的氢氧根离子能破坏蛋白质的一些副键，使蛋白质轻度变性，使体内肌肉纤维结构变得松弛，有利于碱水的渗透和扩散；而且碱能促使油脂水解，消除油脂对水分子扩散的阻碍，加快了渗透和扩散的速度；碱水中的带电离子与蛋白质分子上的极性基团相结合增加了蛋白质的电荷，从而使蛋白质亲水性大大增强，同时吸水速度加快，体积也变得膨润，并具有一定的弹性。

碱发的一般工艺流程如图 2-18 所示。

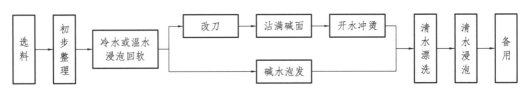

图 2-18　碱发一般工艺流程

（1）原料选择。碱水发主要适用于一些热水难以发透，肉质不易回软，质地特别坚硬的干料，如鱿鱼干、墨鱼干等。由于碱的腐蚀性会使原料的营养成分受到程度不等的损害，所以无须碱发的原料尽量不用碱发。

（2）碱发前预先浸泡。在碱发时应预先将干料用自然清水浸至回软，以避免碱水对干料体表的直接腐蚀，提高水分子向干料内部的渗透速度，使内外达到平衡。

（3）严格控制碱溶液的浓度、温度，涨发时间以及投料量。一般来说，溶液 pH 值和温度随干料的大小、老嫩、厚薄、多少而升降。

（4）碱发后漂洗。原料用碱涨发好后，必须用冷水反复漂洗，使原料组织内部的碱味吐尽。

2）单一碱溶液（生碱水）

碳酸钠溶液腐蚀性小，适宜许多干料的涨发，其溶液浓度≤10%。氢氧化钠溶液的碱性强烈，易使原料糜烂，应将其溶液的浓度控制为≤0.5%。硼砂溶液是弱碱性的两性介质，对干料的水化作用能较稳定地持续进行，其溶液浓度为 7% 左右。石灰水的碱性较强，适用于干料粗糙外皮的腐蚀，其溶液浓度约为 0.1%。

（1）生碱水涨发鱿鱼操作要领：

① 鱿鱼要先用清水浸泡软 1 天左右。

② 鱿鱼切小后再用碱水浸泡 4 小时以上，再加热提质，随时观察打捞已提质好的，提质中切忌沾油、酸、盐。

③ 存放保管中切忌沾油、酸、盐，但要保持一定量的碱液浓度。不可以冷冻保管，可以冷藏在 5℃短时间（3 天左右）的保管。

（2）熟碱水涨发方法：

熟碱水涨发时将水泡回软的干料放入加热处理的混合碱溶液（熟碱水）中，通过浸渍至透、退碱、浸漂的整个加工工艺过程。

3）混合碱溶液

（1）由氧化钙（石灰水）+碳酸钠溶液（熟碱水）组成。调剂比例：石灰 150 克、碳酸钠 500 克、沸水 4 千克、冷水 4 千克，搅和均匀沉淀后过滤使用。

（2）由硼砂+氢氧化钠溶液组成。调剂比例：硼砂 150 克、氢氧化钠 250 克、清水 10 千克、干料 5 千克。

3．油　发

油发是将干制原料置于油锅中，经加热蒸发物体内部水分，形成物料组织的空洞结构而使其体积膨松增大（膨化）的方法。

1）油发原理

干料中的胶原蛋白在 60 ℃ 的油中加热时开始收缩，这时胶原蛋白的氢键受热断裂，螺旋状结构破坏，形成分散的多肽链，随着油温的逐步上升，原料内部的部分水

分开始向外溢出，体积越来越小使结构变得紧密。

当原料受热到一定温度时，还有一部分水分没有溢出，被封闭在原料体内，这时原料表面就出现一些小气泡，由于热的继续传导使干料体变得柔软（这一过程行业称为油焙）。要使干料达到膨胀松脆还要进入高油温阶段的加热。

当油焙后的干料投入高油温锅中，由于骤然受热原料内部聚集在组织空间的水受热发生气化，使原料组织内部的压力加强，达到一定程度时，水蒸气冲破组织而外溢，使原料组织破坏，部分胶原蛋白变性，原料体积增大，形成膨松脆硬的油发制品。

2）油发工艺方法和流程

油发就是把干制原料浸入油中加热，使其组织膨胀疏松，然后再吸水回软的涨发方法。其一般工艺流程如图 2-19 所示。

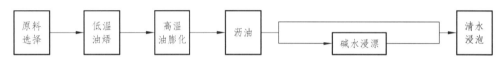

图 2-19　油发一般工艺流程

（1）原料选择。适合油发的干制原料主要是含胶原蛋白丰富的蹄筋、干肉皮、鱼肚等。

（2）低温油焙。将干料置于恒温的多量油中浸泡一段时间的过程，叫油焙。油焙的温度与时间视具体原料而定，一般来说，原料薄小较干的温度应略高，时间宜短；厚大而稍湿的则温度略低，时间较长。

（3）高温油膨化。将油温逐渐提高到 120 ℃ 左右，原料逐渐由软变硬，开始发生膨化，并慢慢浮到油面。随着油温的继续升高（不超过 150 ℃，可用加凉油的方法控制油温）和时间的延长，膨化愈来愈明显，直到原料组织从外到里全部膨松，即发透。

（4）浸漂。原料经炸发后只是半成品，还需经浸漂使之自然吸水而柔软蓬松。原料回软后，反复用清水揉洗去除碱味。对炸发后原料不宜采用 80 ℃ 以上热水泡发，因为热水会使之塌缩，胶原纤维失去支持力，从而影响吸水率，伤害油发原料的体质。

3）油发工艺关键

（1）油发的原料不一定要保持干燥。

（2）干料焙油时不一定非要冷油下锅。

（3）掌握好油脂温度和涨发时间。

（4）原料膨化后的复水处理。

【示例】油发鱼肚（见图 2-20）。

鱼肚质厚者水发、油发均可。质薄瘦小者宜油发，不宜水发。

油发：锅放火上，添油大半锅，油热三成，将鱼肚放入浆软，裁开再放油锅内，用勺压住，文火浸炸。见鱼肚起泡翻过来炸；如油温升高，可将锅端下；油温下降后，再端上火，反复顿火。

炸制时间长短：根据鱼肚的质量而定。质厚的炸制的时间稍长，质薄的炸制的时间较短。不能大火高温炸制，以防皮焦肉不透。

鱼肚炸透的标准：锅内的油不翻花，鱼肚一拍就断，断面处呈海绵状。

炸好的鱼肚放盆内，先用东西压住，再倒入开水，使其浸发回软，然后捞出，挤去水分。根据所做菜肴的需要，切成不同的形状，用开水余几次，漂去油质，用开水养住，每天换水两次。做菜时，用毛汤"杀"一下，即可烧制。

水发：用温水将鱼肚洗净，放锅内加冷水烧开，焖两个小时后，用布将鱼肚擦一遍，换开水继续焖泡。每次换水时，先将鱼肚用冷水洗一下，再用热水焖，发透为止。发制鱼肚时，切忌碰到虾水与蟹水，以防泻身。

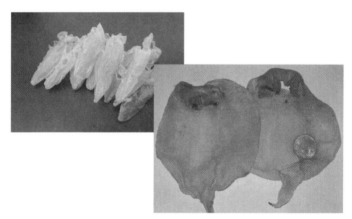

图 2-20　鱼肚涨发前后对比

4．盐发工艺

1）盐发工艺流程

盐发是将干料埋入已加热的盐粒中继续加热，使干料膨胀松脆成为半成品，然后再吸水回软的干料涨发方法。发制时，先将盐下锅炒热，蒸发出水分。待发出爆裂声时，即将干料放入翻炒，边炒边焖，发透为止。盐发后须用热水泡，使膨胀后的原料回软，并清除盐分、油分和杂质。盐发的一般工艺流程如图 2-21 所示。

图 2-21　盐发的一般工艺流程

（1）预热。将盐加热至 80～100 ℃，使盐中含水蒸发，有盐爆声温度可达 110 ℃。

（2）焐发。待盐中含水蒸发后，即可投进干料翻焐，盐量应多于干料 5 倍以上，将其完全淹埋。由于盐经预热，故极干燥，能将干料中自由水、束缚水迅速吸出并蒸

发，从而以较快的速度破坏料体内维系蛋白质空间结构的键链。因此，在盐中的焐发时间一般短于焙油时间约 1/3～1/2。将原料翻匀受热后即用小火保温焙制，至干料重量减轻而干脆时，即可炒发。

（3）炒发。焐发完成后，即改用高温加热，迅速将原料翻炒，使干料中结构水充分气化，干料体逐步膨松胀大呈多孔构象，这时盐温可达 210 ℃ 以上。干料中胶原纤维由于水分的完全丧失而显得极脆，呈不可逆变性。因此，炒发后干料的外部与内部构象与油发品相似。

（4）复水浸漂。炒发后的干料亦是半成品，与油发一样还需用自然水浸漂复水回软，其多孔的结构像海绵一样为吸水提供了有利的条件。

2）工艺关键

（1）选料及涨发前加工。

（2）掌握好火候。

（3）盐发后的处理。

（四）干制原料涨发的基本要求

1. 熟悉干制原料的产地和品种性质

同一品种的干制原料，由于产地、产期不同，其品种质量也有所差异。例如，灰参和大乌参同是海生中的佳品，但因其性质不同，灰参一般采用直接水发的方法，大乌参则因其皮厚坚硬需先用火发后，再用水发的方法。又例如，山东产的粉丝与安徽产的粉丝，由于所用原料不同，其发制时耐水泡的程度也就不同。山东产的粉丝用绿豆粉制成，耐泡；安徽产的粉丝用甘薯粉制成，不耐泡。

2. 能鉴别原料的品质性能

各种原料因产地、季节、加工方法不同，在质量上有优劣等级之分，质地上有老、嫩、干、硬之别。准确判断原料的等级，正确鉴别原料的质地，是涨发干制原料成与败的关键因素。例如，鱼翅中的淡水翅与咸水翅在涨发时就不能同等对待；海参有老、有嫩，只有鉴别其老嫩，才能适当掌握涨发的方法及时间，以保证涨发的质量。

3. 熟悉并掌握各项涨发技术，认真对待涨发过程中的每一环节

干制原料的涨发过程一般分为原料涨发前的初步整理、正式涨发、涨发后处理三个步骤。每个步骤的要求、目的都不同，而它们又相互联系，相互影响，相辅相成，无论哪个环节失误，都会影响涨发效果。在操作中，要认真对待涨发过程中的每一环节，熟悉并掌握各项涨发技术，了解每一种方法所适用的原料范围、工艺流程、操作关键和成品质量要求。

4．掌握干制原料涨发的成品标准

干制原料涨发的成品标准一般包括原料涨发后的质地、色泽、口味和涨发率等。

三、其他加工制品的处理

（一）冷冻原料的解冻处理

其他原料的初加工

肉类、禽类和鱼类等烹饪原料在烹调前若需较长时间的保存，通常采用冷冻的保藏方法，烹调时再进行解冻。冷冻与解冻使原料中的水分发生了变化，前者由液态变为固态（水），后者则反之。它们对原料品质具有重大的影响。

1．解冻对原料品质的影响

烹饪原料的解冻是使原料的冰晶体融化，恢复原来的生鲜状和特性的过程。解冻过程中，由于温度上升，原料中酶的活性增强，氧化作用加速，有利于微生物的活动；又因原料内冰晶体融化，原料由冻结状态逐渐转化至生鲜状态，并伴随着汁液流失。在这些变化中，汁液流失对烹饪原料质量的影响最大。

原料解冻后，在冰晶体融化的水溶液中，会有大量的可溶性固形物，如水溶性蛋白质和维生素，各种盐类、酸类和萃取物质。这部分水溶液就是所谓的汁液。如果汁液流失严重，不仅会使食品的重量显著减轻，而且由于大量营养成分和风味物质的损失，必将大大降低食品的营养价值和感官品质。

2．影响汁液流失的因素

烹饪原料解冻时汁液流失的原因是由于冰晶体融化后，水分未能被组织细胞充分重新吸收造成的，具体可归纳为以下几点：

（1）冻结的速度。缓慢冻结的烹饪原料，由于冻结时造成细胞严重脱水，经长期冰藏之后，细胞间隙存在的大型冰晶对组织细胞造成严重的机械损伤，蛋白质变性严重，以致解冻时细胞对水分重新吸收的能力差，汁液流失较为严重。

（2）冷藏的温度。冻结的烹饪原料如果在较高的温度下冻藏，细胞间隙中冰晶体生长的速度较大，形成的大型冰晶对细胞的破坏作用较为严重，解冻时汁液的流失较多；如果在较低的温度下冻藏，冰晶体生长的速度较慢，解冻时汁液流失就较少。

（3）原料的 pH 值。蛋白质在等电点时，其胶体溶液的稳定性最差，对水的亲和力最弱，如果解冻时原料的 pH 值正处于蛋白质的等电点附近，则汁液的流失就较大。因此，畜、禽、鱼肉解冻时汁液流失与它们的成熟度（pH 值随着成熟度不同而变化）有直接的关系，pH 值远离等电点时，汁液流失较少，否则就较大。

（4）解冻的速度。解冻的速度有缓慢解冻与快速解冻之分，前者解冻时温度上升缓慢，后者温度上升迅速。一般认为缓慢解冻可减少汁液的流失，其理由是缓慢解冻可使冰晶体融化的速度与水分的转移、被吸附的速度相协调，从而减少汁液的流失，

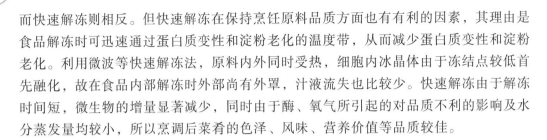

而快速解冻则相反。但快速解冻在保持烹饪原料品质方面也有有利的因素，其理由是食品解冻时可迅速通过蛋白质变性和淀粉老化的温度带，从而减少蛋白质变性和淀粉老化。利用微波等快速解冻法，原料内外同时受热，细胞内冰晶体由于冻结点较低首先融化，故在食品内部解冻时外部尚有外罩，汁液流失也比较少。快速解冻由于解冻时间短，微生物的增量显著减少，同时由于酶、氧气所引起的对品质不利的影响及水分蒸发量均较小，所以烹调后菜肴的色泽、风味、营养价值等品质较佳。

3. 烹饪原料解冻的方法

烹饪原料最常用的解冻方法是空解冻法和水解冻法。此外还有金属解冻法、微波解冻法和红外辐射解冻法。根据原料的种类和用途，解冻可以采用下列三种不同的形式：

（1）完全解冻。所谓完全解冻就是烹饪原料的冰晶体全部融化后再加以处理。多数烹饪原料，如鱼、肉、蛋等冻制品，其冻结点在-1 ℃左右，所以当温度升至-1 ℃时，即可认为已完全解冻。值得一提的是，水果的冻结品未解冻时，由于温度太低，食用时缺乏风味；完全解冻时，所呈现的色、香、味质量最佳；完全解冻后若较长时间放置再食用，则水果软化，品质下降。

（2）半解冻。烹饪原料在解冻过程中，表面与内部温度上升的速度不一样，在同一时刻，外层的温度高于内层，内层的温度高于中心。对于一些体积较大的原料，这种表里温度差更为明显，常常表面温度已达10 ℃以上，中心温度还不到-1 ℃。为了避免表面在较高的温度下加速质量变化，减少解冻时间，可在半解冻状态下进行处理，其后的解冻，可在烹饪中进行。烹饪原料采用这种半解冻的形式，不仅操作方便，而且可减少原料中汁液的流失，一些冷冻的小食品，如加糖冻结的水果甜点心，在半解冻状态下食用，尤感清凉美味。

（3）高温解冻。高温解冻是指烹饪原料在较高的温度下，与烹饪同时进行的解冻方法。解冻介质可分为热水、蒸汽、热空气、油、调味液或金属炊具等，由于解冻介质在单位时间内提供的热量多，解冻的速度快。采用高温解冻方法时，要防止原料不解冻与烹制时受热不均匀。这是因为大多数的烹饪原料是热的不良导体，解冻介质由于温度高，首先向原料的表面提供大量的热量，但热量从原料表面向内部传递的速度又慢，这样就导致原料表面受热不均匀，甚至会出现原料表面已成熟或过熟，而原料内部温度还过低或未热的情况。

（二）腌腊制品的加工

新鲜原料为了便于保存或改善原料的风味，往往需要进行腌制或熏制加工处理。在加工过程中容易受灰尘、污物乃至微生物的污染，使原料表面吸附一些不能食用的杂物，加工前应先用清水洗涤干净，如咸菜、霉干菜等。另外，加工原料在长期的贮存、运输等过程中容易受到外界环境的污染，严重的会发生变质、变味现象，所以在食用或进行烹饪加工时，必须先进行卫生性处理。

1. 咸肉加工

咸肉是以鲜肉为原料，用食盐腌制而成的肉制品，可分为带骨肉和不带骨肉两种。带骨肉按加工原料的不同，有"连片""段片""小块""咸腿"之别。咸肉在我国各地都有生产，品种繁多，式样各异，其中以浙江咸肉、如皋咸肉、四川咸肉、上海咸肉等较为有名。咸肉加工工艺大致相同，其特点是用盐量多。

2. 腊肉加工

腊肉是我国古老的腌腊制品之一，是将猪肋条肉经剔骨、切割成条状后，用食盐及其他调料腌制，经长期风干、发酵或人工烘烤而成。腊肉的品种很多，选用鲜猪肉的不同部位都可以制成各种不同品种的腊肉，按产地可分为广东腊肉、四川腊肉、湖南腊肉等，其产品的品种和风味各具特色。广东腊肉以色、香、味、形俱佳而享誉中外，其特点是选料严格、制作精细、色泽美观、香味浓郁、肉质细嫩、芬芳醇厚、甘甜爽口；四川腊肉色泽鲜明，皮肉红黄，肥膘透明或乳白，腊香带咸；湖南腊肉肉质透明，皮呈酱紫色、肥肉亮黄、瘦肉棕红，风味独特。

（三）罐头原料的处理

肉类罐头是指以畜禽肉、鱼肉等为原料，调制后装入罐装容器或软包装，经排气、密封、杀菌、冷却等工艺加工而成的耐贮藏食品。

知识目标

1. 能描述刀工工具的种类及使用范围。
2. 能描述刀法种类及适用范围。
3. 能描述基本料形及应用特征。
4. 了解肉糜的制作及应用。
5. 了解花式热菜的胚形加工方法。

能力目标

1. 能识别各种刀具并能正确使用。
2. 能对不同的原料使用正确的刀法加工。
3. 能制作肉糜。
4. 能对花式热菜的胚形进行加工处理。

素养目标

1. 具备产品质量控制意识。
2. 具有岗位意识，爱岗敬业精神。
3. 培养学生认真严谨的学习作风，增强团队协作能力及创新意识。

　　烹饪原料的初加工一部分由厨房的工作人员完成；还有相当一部分由原料的生产加工厂家或供货商完成，并且有逐步加大的趋势。而烹饪原料的精加工则几乎都在厨房中完成，这主要是由厨房生产的菜肴来决定的。烹饪原料精加工的内容包括对原料进行刀工处理，使原料适合烹调的需要，其中对原料剞花刀加工和对肉糜的处理是中国菜肴的特色加工技法，而对菜肴各种造型生坯的加工，更是造就了丰富多彩的花色菜肴。在中小型厨房，精加工主要通过手工操作来完成，而大型饭店厨房和集团餐饮厨房（部队、学校等）除手工操作外，已有相当部分的精加工内容（如切丝、切片、制肉糜等）采用机械完成。

一、刀工工艺概述

刀工

刀工是厨师手工工艺中的重要技艺之一。刀工是指切菜的技术。根据烹调与食用的需要,将各种原料加工成一定形状,使之成为组配菜肴所需要的基本形体的操作技术。

(一)刀工技术要求

刀工是根据烹调和食用的需要,将各种原料加工成一定形状的操作技术。

1. 整齐划一

无论切配什么原料,无论是将原料切成丁、丝、条、块等何种形状,都必须大小相同、厚薄均匀、长短整齐、粗细相等,不可参差不齐。如果大小不等、厚薄不均,烹制时小而薄的原料已熟,大而厚的原料还生,调味也难均匀,就会影响菜肴的质量。

2. 干净利落

在进行刀工操作时,不论是条与条之间、丝与丝之间、块与块之间,都不能有连接,不允许出现肉断筋不断,或似断非断的现象。否则同样影响菜肴的质量,也影响菜肴的美观。

3. 适应烹调方法的需要

原料切配成形要适应不同的烹调方法。例如,爆、炒等烹调方法,所用的火力较大,烹制时间较短,要求成品脆、嫩,为了入味和快速成熟起见,原料宜切制得薄小一些;炖、焖等烹调方法所用火力较弱,烹制时间较长,成品要求酥烂入味,为防止原料烹制时碎烂或成糊,则需将原料切得厚大一些。

4. 适应原料的不同性质

各种原料由于质地不同,在加工时也应采用不同的刀工处理,例如,同是块状,有骨的块要比无骨的块小些;同是切片,质地松软的就要比质地坚硬的厚一些;同是切丝,质地松软的就要比质地坚硬的粗一些。在运用刀法上也有区别,例如,生牛肉应横着纤维的纹路切;鸡脯肉可顺着纤维的纹路切;猪肉筋少,可顺着或斜着肌纤维的纹路切。

5. 合理使用原材料

在刀工操作中,应有计划用料,要量材使用,做到大材大用,小材精用,不使原料浪费。例如,能鲜熘的猪里脊就不要用来炸丸子;能炒肉丝用的原料就不要去制馏。特别是在大料改为小料时,落刀前就得心中有数,使其每部分都能得到充分利用。

（二）刀工的作用

（1）原料经刀工处理后，便于烹饪，食用方便。

（2）烹调时易于着色入味，且原料受热均匀、成熟快，也利于杀毒消菌。

（3）原料经刀工处理后，变得粗糙，特别是表面光滑的原料，易于黏浆挂糊，附着力强，加热后，能最大限度地保持原料中的水分，使成菜鲜嫩适口。

（4）原料经刀工处理后，能形成各种不同的形态，富于变化，能增加菜肴的品种，使菜肴丰富多彩。

（5）原料切割后，形状整齐美观，诱人食欲利于消化，有益健康。

（6）原料经刀工处理后，能形成美丽的刀纹和形态各异的图案，增加菜肴的风味特色。

（7）原料经巧妙的刀工处理后，能弥补其形状不规格的缺陷，使得物尽其用，节约原料。

（三）刀工工具的种类

烹饪任何菜肴，都很难离开刀工这道重要的工序。

刀工主要可以分为 12 种刀法：切、片、削、剁、剞、劈、剔、拍、剜、旋、刮、食雕。

刀具主要分为以下种类（见图 2-22）：

桑刀　　　　　　　　　斩刀　　　　　　　　　骨刀

片刀　　　　　　　　　　　文武刀

图 2-22　各种刀具图片

（1）片刀：刀身呈长方形，较宽，刀刃较长，刀体较薄，重量轻。用于加工质地较嫩、形体较小的动植物性原料。适合切、片等刀法。

（2）桑刀：源于浙江海宁三把刀中的叶刀。相比片刀，桑刀的整体刀身会更加地轻薄，达到了切桑叶如发丝的效果，喂幼蚕正合适，故名桑刀。其刀轻、薄、利，三者缺一不可。当然桑刀绝不仅限于切丝，切肉切菜都很锋利，但由于刀身较为轻薄，韧性有余刚性不足，所以不适合砍剁，否则刀体易受损害。

（3）文武刀：刀身呈长方形或圆口形，刀身较宽，刀刃较长，刀体较厚重。用于加工质地较坚硬的或带有硬骨的动物性原料。适合切、片、剁等刀法。

（4）批刀：有圆头批刀和方头批刀，重 500~750 克，轻而薄，刀刃锋利，适用于批切不带骨的精细原料，如片切猪、牛、羊、鸡肉等，加工动、植物性原料成片、丝、条、丁、粒等形状。

（5）斩刀：约重 1000 克，刀身重，刀刃厚钝，适用于砍带骨和坚硬的原料，如斩鸡、鸭、排骨等。

（四）磨刀及刀具的保养

1. 磨刀石的种类及使用

磨刀石主要有粗磨刀石和细磨刀石之分。粗磨刀石的主要成分是黄沙，因其质地粗糙，摩擦力大，多用于给新刀开刃或磨有缺口的刀。细磨刀石的主要成分是青砂，颗粒细腻，质地细软，硬度适中，因其细腻光滑，刀经粗磨刀石磨后，再转用细磨石磨，适于磨快刀刃锋口。这两种磨石属天然磨石。还有采用金刚砂合成的人工磨石，同样有粗细之分，也有人称之为油石（见图 2-23）。

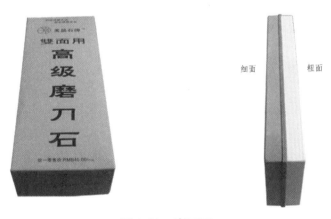

图 2-23　磨刀石

2. 磨刀的方法

磨刀的方法有平磨、翘磨和平翘磨。需要注意的是：

（1）磨石要先用水打潦，在磨刀的过程中不能加过多的水，要保持磨石上面要有泥浆。

（2）磨刀时要保持刀的两面磨得一致，磨时用力均匀。

刀具磨完后应检验磨得是否合格。一般有两种检验方法：一种是将刀刃朝上，放在眼前观察，如果刀刃上看不见白色的光亮，则表明刀刃已锋利；另一种是将刀刃放在指甲上轻拉，如有滞涩感，表明刀刃锋利，如感觉光滑，则表明刀刃还不锋利，使用这种方法要注意安全。

3．刀的保养方法

（1）刀工操作时要仔细谨慎，爱护刀刃。

（2）刀用后要洗干净、内干水，放在安全的地方（刀架、刀鞘）。

（五）砧　板

砧板属切割枕器，是刀对烹饪原料加工时使用的垫托工具，包括砧墩和案板。砧板的种类繁多，主要有天然木质的、塑料制的、天然木质和塑料复合型的制品三类，通常使用天然木质的。砧板还可分为生食砧板与熟食砧板。近年来，英国生产出一种以耐震的天然橡胶为原料制成的无声砧板，不仅切剁时无声，且不易因刀刃滑动而伤到手指，切完后还可把砧板对折存放，安全且实用。砧板在使用时应保持其表面平整，且保证食品的清洁卫生。使用后要及时刮洗擦净，晾干水分后用洁布罩好。

1．砧板的种类

1）竹木砧板

材质不同的砧板各有特点，但竹制和木制砧板相对更加安全，因为它们是天然的，没有添加其他物质。建议优先使用天然的竹木砧板（见图2-24）。

图 2-24　竹木砧板

木砧板密度高、韧性强、使用起来很牢固，但由于木制的砧板种类很多，不易挑选。有些木制砧板（如乌桕木）含有毒物质，且有异味，用它切菜会污染菜肴，并且容易引起呕吐、腹痛、头昏等症状。还有一些木质比较疏松的砧板（如杨木砧板）硬度不够，易开裂，其表面容易产生刀痕，清洁不彻底的话，很容易藏污纳垢，滋生细菌，污染食物。因此，建议最好选择各方面综合质量都比较好的砧板，如白果木、皂角木、桦木或柳木制成的砧板。

2）塑料砧板

塑料砧板多以聚丙烯、聚乙烯等制成，虽然重量较轻，携带方便，但容易变形，不耐高温，不适合切一些油脂大的食物，否则不好清洗。

3）玻璃砧板

玻璃砧板即钢化玻璃砧板（见图2-25），其优点包括：便于清理，使用完直接用水冲洗干净即可，不会生霉菌；砧板下有防滑设计，放在操作台上不容易移动；砧板不会渗水或者吸油，适于切水果或者做油饼。其缺点也很明显：切菜的时候声音较大，甚至有些刺耳（习惯了还好）；刚开始使用时不敢下手，总担心把砧板切碎。

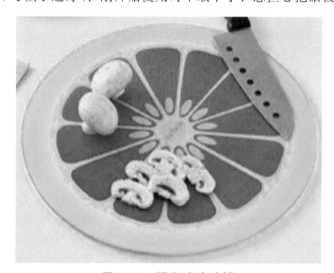

图 2-25　钢化玻璃砧板

2. 砧板的使用与保养

（1）新砧板使用前需要经过浸泡、煮、涂抹油等处理。

（2）砧板使用时要注意随时调换位置，保持墩面的平整。

（3）砧板的卫生要求：清洗干净，保持通风。

（六）刀工的规范化操作

刀工是一项技术性高、劳动强度大的手工操作。刀工操作时要求做到：

（1）食材的处理必须粗细厚薄均匀，长短相等。不论是丝、条、段都必须达到这

个要求，才能烹制出味美适口的菜肴。一旦食材厚薄不一、粗细不均，不仅会影响入味效果，而且在烹调过程中，细薄的部分容易先熟，而粗厚的部分则可能未熟。未熟的部分不仅无法食用，还会造成食材的浪费。反之，如果厚的部分熟了，薄的部分则可能因过度加热而老化、焦糊，同样会影响整体菜肴的口感和品质，使其无法食用。

（2）食材的处理必须清爽利落，不可互相粘连。在刀工操作时，不论在条与条之间，丝与丝之间，块与块之间，必须截然分开，不可藕断丝连，似断非断，相互粘连，这样就会影响菜肴质量。

（3）食材的处理必须符合烹调方法及火候。在原料改刀时，首先应注意菜肴所用的烹调方法。例如，炒、爆烹调法都采用急火，操作迅速、时间短，须切薄或切细；炖、焖、煨等烹调法所用的火候都小，时间长，有较多的汤汁，原料切的段或块要大些为宜，食材过小在烹调中易碎，影响质量。

（4）必须掌握原料性能。改刀时，要在了解原料质地老嫩、纹路横竖的基础上，采用不同的方法。一般质老的多采用顶纹路切，质嫩的多采用斜纹路切。

（5）注意菜肴主辅料形状。菜肴的组成多数都是主料辅料搭配，在改刀时，必须注意主辅料形状，要切得恰当调和，一般是辅料服从主料，而且辅料要小于主料，才能突出主料，衬托主料。

二、刀法种类及适用范围

刀法指对原料切割的具体运刀方法。依据刀与原料的接触角度，分平刀法、斜刀法和直刀法。平刀法指刀刃运行与原料保持水平，成形原料平滑、宽阔而扁薄，故行业中叫"片"或"批"。斜刀法指刀刃运行与原料保持锐（钝）角，成形原料具有一定坡度，以平窄扁薄的料形为最终料形，故行业中叫"斜批"或"斜片"。直刀法指刀刃运行与原料保持直角，切时直上直下，成形原料精细、平整规一，故行业中叫"切"或"剁"。此外还有一些非成形刀法，如削、剔、刮、塌、拍、撬、剜、刷、铲、割等，大多数是作为辅助性刀法使用，不是刀工的主体，比较简单，所以不作介绍。各类刀法分述如下。

（一）平刀法

平刀法是指刀面与墩面平行，刀保持水平运动的刀法。运刀要用力平衡，不应此轻彼重，产生凸凹不平的现象。依据用力方向，这种刀法可分为平刀直片、平刀推片、平刀拉片、平刀抖片、平刀滚料片等（见图2-26）。平刀片法适用于无骨柔嫩的原料和蔬菜，如豆制品、鸭血等。

平刀法和斜刀法

（1）平刀直片：刀刃与砧板平行批进原料。适于加工易碎的软嫩原料，如豆腐、豆腐干、鸡鸭血等。

（2）平刀推片和平刀拉片：平刀推片是刀在平刀片的同时有由内向外推动的动作，

适用于加工脆性原料，如茭白、熟笋等；平刀拉片则动作相反，适用于加工细嫩和略带韧性的原料，如肉片、鱼片等。

（3）推拉片：又叫"拉锯片"，刀的前端先片进原料，由前向后拖拉，再由后向前推进，一前一后、一推一拉，直至片断原料，适用于加工比较韧性的原料，如肚片等。

（4）平刀抖片：在刀刃片进原料的同时，刀刃作上下轻微而又均匀的波浪形抖动，这样可美化原料的形状，适用于加工柔软、脆嫩的原料。

（5）平刀滚料片：刀刃平刀片进原料的同时将原料在墩面上滚动，植物性原料一般从原料上部收刀，叫"上旋片"，如加工黄瓜、萝卜等；动物性原料一般从下部收刀，叫"下旋片"，如加工肉片等。

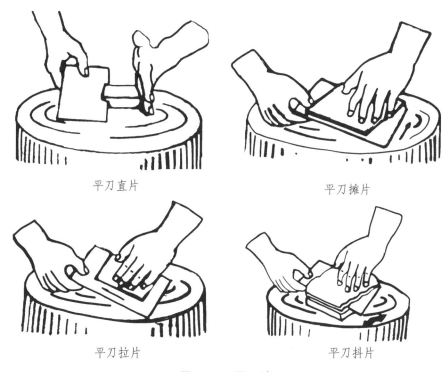

平刀直片　　　　　　　　　　　　平刀摊片

平刀拉片　　　　　　　　　　　　平刀抖片

图 2-26　平刀法

（二）斜刀法

斜刀法是一种刀面与墩面呈斜角，刀做作倾斜运动，将原料片开的刀法。这种刀法按刀的运动方向与砧墩的角度，可分为斜刀拉片、斜刀推片等方法。运刀方法的区别主要表现在：①行刀角度不同；②运刀方法不同；③用力大小和速度不同；④左右手的配合。

（1）斜刀拉片：又称"斜刀正片"（见图 2-27）。在此操作中，刀身呈倾斜状态，刀背朝向外侧，而刀刃则指向内侧。操作时，从刀的前部施加力量，切入原料的同时，以从外向内的方向拉动刀身，从而切下片状食材。这种方法常用于加工如腰片、海参等食材。

（2）斜刀推片：又称"斜刀反片"（见图2-28）。在此操作中，同样需要倾斜刀身，但此时刀背朝向内侧，刀刃则指向外侧。发力点位于刀的中后部，切入原料的同时，以由内向外的方向推动刀身，从而切下片状食材。这种方法常用于加工如耳片、肚片等食材。

图2-27　斜刀正片　　　　　　图2-28　斜刀反片

（3）拉锯斜片是斜刀片进原料后，再前后拉动直至片断原料，多用于体积较大的原料，如瓦块鱼等。

（三）直刀法

直刀法是刀法中较复杂的，也是最主要的一类刀法。依据用力程度可分为切、剁、砍等方法。

1. 切

切一般适用于无骨的原料。其一般操作方法是：左手按稳原料，右手持刀，对准原料向下用力使原料断开。由于原料性能及操作者的行为习惯不同，又可分为直刀切（又称跳切）、推刀切、拉刀切、推拉刀切、锯刀切、滚料切、铡刀切等多种不同的刀法。

2. 剁

剁也称斩、排，就是在原料的某一处上下垂直运刀，并须多次重复行刀，需要在运刀时猛力向下的刀法。一般分直剁、排剁、刀背剁等几种。

3. 砍

砍又叫劈，是只有上下垂直方向运刀，在运刀时猛力向下的刀法。根据运刀方法的不同，又分为直刀砍、跟刀砍、拍刀砍等几种。

（四）原料的质地性能与刀法的运用

烹饪原料是指以烹饪加工制作各种菜点的原材料。烹饪原料要求：无毒、无害、有营养价值、可以制作菜点材料。烹饪原料中的营养素分为有机物质和无机物质两大类。有机物质包括：碳水化合物、脂肪、蛋白质、维生素；无机物质包括：无机盐、水。

原料成形技能

烹饪原料的质地一般有脆性、嫩性、韧性、硬性、软性等，厨师应根据不同的质地性能，选择不同的刀法，才能加工出整齐、均匀的形状。

1. 脆性原料

脆性原料有青菜、大白菜、胡萝卜、竹笋等。

适应的刀法有直切、排斩、平刀片、反刀片、滚料切等。

2. 嫩性原料

嫩性原料有豆腐、凉粉、蛋白糕等。

适应刀法有直切、平刀片、抖刀片等。

3. 韧性原料

韧性原料有牛肉、鸡肉、腰子、牛肚、鱿鱼等。

适应刀法有拉切、排斩、拉刀片等。

4. 硬性原料

硬性原料有咸鱼、咸肉、火腿、冰冻肉等。

适应刀法有锯切、直刀批、跟刀批等。

5. 软性原料

软性原料有豆腐干、素鸡、百叶、火腿肠、熟肉、白煮鸡等。

适应的刀法有推切、锯切、滚料切、推刀片等。

6. 带骨和带壳的原料

适应的刀法有铡刀切、排刀切、直刀批、跟刀批等。

7. 松散性原料

松散性原料有面包、面筋、熟羊肚等。

适应的刀法有锯切、排斩、排刀切等。

混合刀法技能

三、剞花刀工艺

剞花工艺是指在特定原料的表面切割一些具有一定深度的刀纹图案的刀工过程。

经过这种刀工处理后，原料受热会收缩开裂或卷曲成花形，故称之为制花工艺。

（一）剞花的目的与原料选择

1. 剞花的目的

剞花的目的是缩短成熟时间，使热穿透均衡，达到原料内外成熟、老嫩一致。

2. 剞花原料选择

原料一般选择整形的鱼，方块的肉，畜类的胃、肾、心，禽类的肫，鱿鱼，鲍鱼等；植物性原料有豆腐干、黄瓜、莴笋等。

3. 剞花原料要求

（1）原料较厚，不利于热的均衡穿透，或过于光滑不利于裹汁，或有异味不便于在短时间内散发的。

（2）原料具有一定面积的平面结构，以利于剞花的实施和刀纹的伸展。

（3）原料应不易松散、破碎，并有一定的弹力，具有可受热收缩或卷曲变形的性能，可突出剞花刀纹的美观。

（二）剞花的基本刀法

剞花的基本刀法有直剞和斜剞，但剞花过程大多是对平、直、斜刀法的综合运用，故亦称之为混合刀法。

1. 直刀剞

直剞是运用直刀法在原料表面切割具有一定深度刀纹的刀法，适用于较厚原料。直剞条纹短于原料本身的厚度。

2. 斜刀剞

斜剞是运用斜刀法在原料表面切割具有一定深度刀纹的方法，适用于稍薄的原料。斜剞条纹长于原料本身的厚度，层层递进相叠，呈披覆之鳞毛状。又有正斜剞与反斜剞之分。

3. 混合剞

混合剞通常有三类：①斜刀法与直刀法混合运用，如麦穗花刀、鱼鳃花刀；②直刀法与直刀法混合运用，如荔枝花刀、两面连花刀；③斜刀法与斜刀法混合运用，如松果花刀。

（三）剞花工艺的注意事项

（1）根据原料的质地和形状，灵活运用制刀法。
（2）花刀的角度与原料的厚薄和花纹的要求相一致。

（3）花刀的深度与刀距皆应一致。

（4）所制花刀形状应符合热特性，区别应用。

（四）剐花刀法

剐花刀法通常分为直刀剐、推刀剐、拉刀剐、交叉剐等，与直刀法、片刀法同时配合使用。

1. 麦穗形花刀

麦穗形花刀先用斜刀在原料表面制上一条条平行的刀纹，再转动，用直刀法制上一条条与原刀纹相交成约90°的平行刀纹，深度均匀为原料的4/5，最后改刀成较窄的长方块，加热后即成麦穗形，如腰花、比目鱼卷等。

麦穗形花刀技术要求：

（1）制花刀时刀距、进刀深度、倾斜角度要均匀一致。直刀纹应比斜刀纹略深，斜刀纹的间距应比直刀纹略宽。

（2）斜刀的倾斜角度可根据猪腰的厚薄灵活掌握，倾斜角度越小，麦穗的外形越长。

（3）制花刀后，改块的大小要均匀。

适用范围：适用于炒、爆、熘类菜肴，如炒麦穗腰花、酱爆腰花等。

2. 荔枝花刀

1）荔枝花刀加工技法

（1）先在猪腰内侧用直刀推制出若干条平行刀纹，进刀深度为4/5。

（2）将猪腰转一个角度，仍用直刀推剐出若干条平行刀纹，进刀深度应相同，与先前推制出的刀纹相交成80°～90°（见图2-29）。

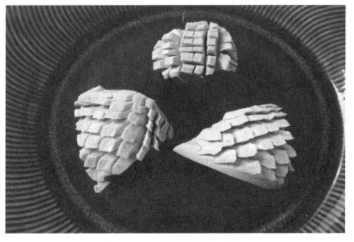

图 2-29　荔枝花刀示意图

（3）将剞好花刀的猪腰改刀成菱形块或等边三角形块，前者受热后对角卷曲，后者三面卷曲成荔枝形。

2）荔枝花刀技术要求

刀距、进刀深度及改块大小都要均匀一致。

适用范围：适用于炒、爆、馏类菜肴，如炒虾腰、芫爆腰花等。

3. 菊花形花刀

菊花形花刀是先从原料的一端切或片成一条条平行的片，深度为原料的 4/5，鱼可以深入到鱼皮；另一端连着不断，再转 90°，将原料的 4/5 垂直切成丝状；另一端仍连着不断，再改刀成三角块。加热后即成菊花形（见图 2-30）。

适用范围：多用于肉质较厚的原料，如菊花鱼等。

图 2-30　菊花形花刀示意图

4. 十字花刀

十字花刀刀法是指两直刀，刀距 0.3～0.5 厘米，深度为原料的 1/2～2/3。

原料成形（厘米）：长方形 4×3；菱形 4.5×2.5；等腰三角形 4×4；卷筒形 4×3 或 6×4。

适用范围：里脊肉、兔柳肉、腰子、鱿鱼、肫、肚、黄喉。

5. 松果花刀

松果花刀又叫"球形花刀"，是斜刀法与直刀法的混合运用加工技法。

（1）先在猪腰内侧用斜刀推制出若干条平行刀纹，倾斜角度为 45°，进刀深度为原料的 4/5。

（2）将猪腰转一个角度，仍用斜刀推剞出若干条平行刀纹倾斜角度，进刀深度相同，两种刀纹相交成 45°。

（3）将猪腰改刀成长 5 厘米、宽 4 厘米的长方块，经加热卷曲即成松果形。

6. 灯笼形花刀

灯笼花刀加工技法：

（1）先将净猪腰平刀批成长 4 厘米、宽 3 厘米、厚 3 厘米的长方小块。

（2）在片的一端用斜刀拉制两刀，再于另一端斜拉两刀。

（3）将原料转动 90°，用直刀纵向推剞若干条平行刀纹，与两端的斜刀纹成 90°，加热卷曲后即成灯笼形。

7. 麻花形花刀

麻花形花刀是先将原料片成长约 4.5 厘米、宽约 3 厘米、厚约 0.3 厘米的片，在中间划开 3.5 厘米长的口，再在中间缝口两边各划上一条 3 厘米长的口，然后用手握住原料的两端并将原料一端从中间缝口穿过即成，多用于肉类。

8. 蜈蚣花刀

蜈蚣形花刀常以猪黄管为原料，先将猪黄管洗净放入水锅中煮熟，捞出撕去油筋，用筷子翻过来，放入汤锅氽透捞出晾凉，将猪黄管横放在菜墩上，用直刀法每隔 0.4 厘米横剞一刀，深度为原料的二分之一，之后每隔一格对角斜剞一刀，将剞开的刀纹原料向两边展开后即呈蜈蚣形（见图 2-31）。此时如果全部横切就成大半环，必须从某角度再切一刀。

图 2-31 蜈蚣花刀菜品图

9. 百叶花刀

先在鱼身一侧从尾部下刀，先直刀锲至鱼骨，再将刀身放平，沿脊椎骨推片至头部，在原刀纹上每隔 3 厘米直刀锲至鱼骨，放平刀身向前推片约 2.5 厘米，继续加工至尾部，加热后即成百叶形状（见图 2-32）。

图 2-32　糖醋鲤鱼——百叶花刀

四、基本料形及应用特征

烹饪原料通过刀法成形后，使其成为既便于烹调又利于食用，既整齐美观又形状各异的成形原料。

常见的形状有块、片、丝、条、丁、粒、末、茸、泥、球、丸，等等。

（一）块的加工

块一般有两种成形方法：一种是切的刀法，用于加工质地软嫩、松脆、无骨韧性，或者质地虽较坚硬但去皮、去骨后可以切断的原料；另一种方法是斩或砍的刀法，用于加工质地较硬、带骨、带皮或冰冻的原料。

1. 菱形块（象眼块）

菱形块一般适用于脆性、软性、较平整，且在加热过程中不易变形的原料，如茭白、胡萝卜、黄或白蛋糕、熟火腿、西式火腿、红肠。

2. 方块

方块常用于体形较大、较厚的各种原料，如肉类、鱼类、块根类、瓜果类。

3．长方块

长方块与方块相同。

4．劈柴块

劈柴块一般用于脆性或较老的根茎类原料，如茭白、笋、生姜、菜梗等。

5．滚料块

滚料块常用于无骨脆性的圆形或圆柱形原料，如笋、茭白、莴笋、茄子、胡萝卜等。

（二）段的加工

一般加工成段的原料如黄鳝、带鱼、葱、蒜苗等，都具有细长的自然形态。

1．段的刀工应用

将柱形原料横截成自然小节叫段，如鱼段、葱段、芸豆段、山药段等。段和条相似，但比条宽一些或比条长一些，保持原来物体的宽度是段的主要特征。另外，段亦没有明显的棱角特征。加工段状原料时，经常使用的刀法有直刀法中的直切、推切、推拉切、拉切与斜刀法，带骨的原料用剁的方法。

2．段状原料的加工

大段与小段：大段原料主要适用于对动物性烹调原料、带骨的鱼类的加工。段的大小长短可根据原料品种、烹调方法、食用要求灵活掌握，主要用剁的方法加工。小段原料主要适用于植物性烹调原料。

斜刀段与直刀段：葱、蒜等管状蔬菜运用斜刀法加工成段，运用反斜刀法加工的段称为"雀舌段"，一般用于炒、爆菜的辅料料形； 柱形蔬菜和鱼多运用直刀法加工成段，在多数情况下，直刀段可再加工成更小料形，一般用法与块同。

（三）片的加工

片一般是用切或片的刀法加工而成的。

1．片的刀工应用

具有扁薄平面结构的料块称为片，片是烹调中用得最多的一种刀工形状（见图2-33～图 2-38）。片的成形一般采用切（有直切、推切、拉切、锯切等）、批（正刀批、反刀批）、平刀法中的直片、推拉片或削的刀法来完成。脆性原料用直刀法的切，如切蔬果类原料；韧性原料用平刀法的批，如批鱼片；对一些体长形圆，放在砧板上不易揪稳的原料，则宜采用削的办法，使其削成片形，如削茄子片。

图 2-33 肉片

图 2-34 菱形片

图 2-35 月牙片

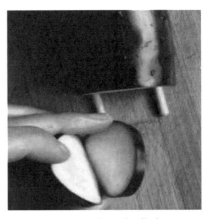

图 2-36 夹刀片-茄盒

图 2-37 佛手片

图 2-38 抹刀片

2. 片的方法

1）长方片

长方片一般适用于脆性或软性原料，如茭白、萝卜、土豆、豆腐、鱼肉等。

2）柳叶片

柳叶片适用于脆性圆柱形的原料，如胡萝卜、黄瓜、红肠、莴笋等。

3）月牙片

月牙片适用的原料与柳叶片相同。

4）菱形片

菱形片适用的原料与菱形块相同。

5）夹刀片

夹刀片适用于脆性或韧性的无骨原料，如冬瓜、茭白、茄子、鱼肉、熟五花肉等。

6）圆片和椭圆片

圆片和椭圆片适用于圆形或圆柱形原料，如番茄、黄瓜、红肠、香肠、胡萝卜等。

7）指甲片

指甲片一般适用于脆性、软性或部分中硬性原料，如生姜、大蒜头、冬笋、胡萝卜、豆腐、豆腐干、火腿等。

（四）条的加工

条的成形方法与丝的成形方法基本相同，先把原料切或片成大厚片，再以条的长度为宽度切成长方块，最后顶刀切成条。

（五）丝的加工

丝是原料成形中加工较为精细的一种，技术要求高。切丝是直切和片刀法的综合运用，常作为行业中衡量刀工技术水平的重要依据，也是学习刀工技术的基础（见图2-39）。

图 2-39　丝状示意图

切丝时，应注意以下几点：

（1）根据原料的质地确定切丝的刀法。

（2）根据丝的规格确定片的厚度及大小。

（3）选择合理的排叠方法。

瓦楞形（阶梯形）：将薄片依次排叠成瓦楞形状的一种排叠方法。

层叠形：将加工整齐的薄片原料自上而下一片一片排叠起来的一种排叠方法。

卷筒形：将片形较大、较薄的原料一片一片排叠整齐，卷成筒状，再顶刀切成丝的一种排叠方法。

（4）操作要规范。

（5）根据原料的性质决定是顺切、横切，还是斜刀切。

（6）根据原料性质及烹调要求决定丝的粗细。

（六）丁、粒、末的加工

丁、粒、末是在条或丝的基础上加工而成的。

1. 丁的加工

从条上截下的立方体料形叫作丁。切丁的方法是先将原料片成厚片，再将片切成条，最后将条切成丁。切丁有大小之分，加工方法也不一样，可根据烹调方法确定。切丁时，首先要掌握片的厚度。

2. 粒的加工

从丝状原料上截下的立方体叫粒，又称"米"，粒取自粗丝，粒的形状比丁小，一般也呈方形，由细条和丝改刀而成，大的如黄豆，小的如米粒。切粒与切丁的方法大致相同，只是片要薄些，条要细些，直切时刀口密度小些。切粒一般适用于各种肉类或调料类原料，如火腿粒、鸡肉粒、猪肉粒、牛肉粒、干辣椒粒等。粒状原料在烹调中常常作为配料或调料，如麻辣海参中的猪肉粒、石榴鸡中的鸡粒等。加工粒状原料时，经常使用的刀法为直刀法中的切、剁。

3. 末的加工

末是由丝改刀而成的，末的形状比粒还要小一些，半粒为末。末的切法大体有两种：一种是将原料剁碎，例如，制作蒜末，先要将蒜粒用刀面拍裂、拍碎，然后再剁成末；再如制作鸡肉末，先要将鸡肉切成碎片，然后再剁成末。

（七）特殊料形的加工

特殊料形的加工有花刀料形、球形的加工、葱的各种形状及加工、姜的各种形状及加工、蒜的各种形状及加工、辣椒的各种形状及加工等。

　　1. 茸、泥的加工

　　茸和泥，是比"末"更细的一种成形原料，但也有粗细之分。经刀刃斩剁而成的为茸，用刀面塌压而成的为泥。从烹饪工艺的角度看，茸泥是将部分动植物性原料经粉碎性加工，形成细小颗粒后，加入水、盐等调辅料并搅拌成有黏性的胶状物料。

　　2. 球（又称丸子、圆子）的加工

　　球为圆形球状，可由多种方法制成。常用的一种方法是在粒、末、茸或泥的基础上用手工挤捏而成，如肉丸、鱼丸等。

（八）基本料形的加工注意事项

　　（1）一种料形的最终形成，在大多数情况是通过多种刀法相互配合才能产生。加工时要根据原料的性质特点，采用不同的切法。同样切片，质地松软的要比质地坚硬的略厚一些；切脆性原料如冬瓜等，可用直切；切豆腐类松软原料应用推切；而切韧性原料如肉类则须推切拉切等。这样使易碎的不易碎，使老的变脆嫩，使瘦薄的变肥厚。

　　（2）所切制的原料要注意形态美观，粗细均匀，薄厚一致，长短相等，整齐划一。均匀一致的料形，能够在加热过程中实现受热、生熟、老嫩的一致性，同时给人的视觉以愉快的感受。

　　（3）在料形的运用上要配合烹调的要求，一般用于高温速成和热碟菜肴的原料基本料形应小，以便快熟入味；用于中、低温慢制和大菜菜肴原料基本料形应略大，以免烹调时原料变形。对整块（只）禽、肉原料的加工，应遵循寓分割于整形之中的原则，合理运用排刀和吞刀法，以适口咀嚼、筷夹食用为度。

　　（4）对料形的加工还应充分把握大料大用、小料小用的基本原则，合理使用原料，物尽其用，注意节约，降低消耗，尽量提高出成率。防止大中取小而提高成本，造成浪费，为了单纯的料形美观而造成浪费是违反料形规律的。

五、肉糜的制作及应用

　　糜状是料形的最小形式，利用肉糜制作菜肴在全国皆有，只是叫法不同，北京称之为"腻"，上海称之为"胶"，河南称之为"糊"，四川称之为"糁"，山东称之为"泥"，江苏南京则称"缔子"……本节将这些俗称统一为"肉糜"（见图2-40）。

图 2-40　肉糜

（一）肉糜的形成机理

生鲜鱼的水分含量约为 80%，其中的大部分是由肌肉组织的保水机构——肌纤维、肌原纤维及肌丝间的毛细管保持着的。被加热后，由于其蛋白质纤维变性凝固，失去了保水能力，释放出的水分就成为滴液离开鱼肉组织，冷却后，鱼肉的质感会变得脆弱。

溶解肌原纤维的食盐的最低浓度为 2.3%（相当于鱼肉重的 2%），低于此值，则形不成黏性的肉糜；反之，如在 3% 以上，则口味受到影响。因此，鱼糜中的食盐含量，不管原料条件、菜肴种类、地方喜好如何，都应限制在 2%～3% 的范围内。

除鱼糜、猪肉糜外，烹饪中常用的还有虾肉糜、墨鱼肉糜、鸡肉糜、牛肉糜以及混合肉糜等，它们的形成机理大致相同，这是由其所含的蛋白质决定的。另外，用熟土豆、熟山药、豆腐等加工成的细粒，俗称"泥"，它们不需要"上劲"，也无法"上劲"，这也是由其所含的主要成分——淀粉——所决定的。

（二）肉糜的种类

（1）硬质糜：可塑性强，一般可单独使用，塑制出所需要的形态。

（2）软质糜：质地较软，但仍有可塑性，适用范围广。

（3）嫩质糜：质地要求嫩滑爽快，在辅助原料上一般用熬好的冷猪油拌制，可塑性略差，但仍有可塑性。

（三）肉糜制作的工艺流程

肉糜的品种虽然很多，但加工的基本流程是一致的，即选择原料—斩碎处理—调味搅拌。肉糜的制作工艺流程：选择原料—漂洗处理—斩碎处理—调味搅拌。

1. 选择原料

要求：无皮、无骨、无筋络、无淤血伤斑的质地细嫩、持水能力强的原料。

2. 漂洗处理

漂洗处理的目的是洗除脂肪、血液、残余的皮屑及污物等。

3. 斩碎处理

斩碎处理的方法有绞肉机和手工斩碎两种。

4. 调味搅拌

调味搅拌所需调味品包括葱、姜、蒜、味精、盐等，辅料有蛋清、淀粉等。制作猪肉糜时，盐可以与其他调味品一起加入进行搅拌；制作鱼肉糜时，需先加水搅拌，再加盐搅拌"上劲"。

六、花式热菜的胚形加工

花色热菜又称为造型热菜，是饮食活动和审美意趣相结合的一种艺术形式，具有较强的食用性与观赏性。这类热菜的成形，是将菜肴所用的各种主、辅料按照具体的质量要求，通过加工形成菜肴生坯，使主料和辅料有机地结合在一起，菜肴的形状基本确定。

花色热菜的形式丰富多彩，千姿百态。通过艺术的加工和原料特性的利用，给人们以美的感受，既增进了食欲，又有利于消化吸收。花色热菜的胚形加工方法较多，常用的方法有卷入法、包裹法、填馅法、镶嵌法、夹入法、穿制法、串连法、叠合法、捆扎法、扣制法、模具法及滚粘法。

（一）卷入法

利用薄软而有韧性的片状原料或将韧性的原料，加工成较大的片形作外皮，中间加入馅料，卷裹成长圆筒形，然后再烹制成熟的成形工艺。

1. 卷料及馅料

卷料：鱼皮、鸡片、里脊片、蛋皮、豆腐皮、海带、白菜叶等。馅料采用各种调过味的肉糜和丝、粒、末原料等。

2. 烹调方法

（1）卷入后或挂糊或拍粉或上浆。

（2）卷入后不用糊、粉、浆，如菜卷。

3. 卷的形式

（1）单卷：馅料放于卷料的一端或铺满卷料，卷成筒状。有大卷和小卷之分，大卷熟制后要改刀，小卷成熟后不改刀（见图 2-41）。

（2）如意卷：从两头向中间卷，可用两种馅料（见图 2-42）。

（3）相思卷：馅料放一端卷至中间，翻过仄料从另一端放馅卷至中间（见图 2-43）。

图 2-41　三丝鱼卷

图 2-42　如意卷

图 2-43　相思卷

（二）包裹法

运用薄软而有一定韧性的片状原料（可食或不可食）或加工成片形的原料作外皮，包住另一种原料的成型方法。

1. 包　料

可食包料：威化纸（糯米纸）、蛋皮（见图 2-44）、豆腐皮、猪网油、卷心菜叶、春卷皮、百叶、紫菜等。

不可食包料：薄纸、无毒玻璃纸、荷叶、粽叶（见图 2-45）等。

图 2-44　蛋皮

图 2-45　粽叶

2. 馅　料

馅料可以是大块或整只的原料，如鸡翅、虾仁等；也可以是细小原料，如丁、条、粒、糜等。

3. 烹调方法

包裹法的烹调方法多采用蒸、炸、烤、汆、煮等特殊的制法。动物性原料需切成小块，再用木捶敲打成薄片，如图 2-46 所示。

图 2-46　蛋皮马蹄虾卷

（三）填馅法

将原料制作成馅心填入另一种原料的空隙处，形成生坯。外面的原料为皮料，里面的原料为馅料。

1. 皮　料

皮料一般为脱骨全鸡、全鸭、全鱼，肠、海参，各种掏空心的蔬菜等；馅料可荤可素、可生可熟，如图 2-47、图 2-48 所示。

图 2-47　荷包鲫鱼

图 2-48　八宝葫芦鸭

2. 烹调方法

烹调方法多采用蒸、炸、煎、焖、烤等。

（四）镶嵌法

一般将片状原料嵌在主料上，或将糜状原料镶在片状的底托原料上，有时为使糜胶粘牢，还用"排斩"方法在原料上排几下，如图 2-49 所示的翡翠麒麟蒸桂鱼。

图 2-49　翡翠麒麟蒸桂鱼

1．主料与底料

主料多为整鱼。底托原料可以为香菇、面包片、鱼肚、肉类、虾片等，镶于表层，原料为片状及胶糊状的动物性原料要用各种原料在糜泥上粘贴出五彩缤纷的图案。

2．烹调方法

烹调方法以炸、蒸、煎为主。

（五）夹入法

采用切"夹刀片"的方法，切成一个个的夹刀片，然后在夹刀片的中间夹上事先调制好的肉糜、虾糜或豆沙等馅料，即成生坯，如图 2-50 所示的夹沙香蕉，图 2-51 所示的茄夹，图 2-52 所示的夹沙苹果。

图 2-50　夹沙香蕉

图 2-51 茄夹

图 2-52 夹沙苹果

1. 夹刀片的原料及馅料

夹刀片的原料常选用鱼肉、里脊肉、火腿片、鸡肉、藕、茄子等；馅料多为糜胶状，一般以动物性原料为主。

2. 烹调方法

烹调方法常采用炸、煎、熠等。

（六）穿制法

穿制法就是将原料去掉骨头，在出骨的空隙处，用其他原料穿在里面，形成生坯，即用穿入的原料充当"骨头"，仍保持原来的形状，达到以假乱真的目的，从而提高菜肴的品位，如图 2-53 所示的火腿穿鸡翅。

图 2-53 火腿穿鸡翅

1. 原　料

穿制法的原料可用小块带骨或中间有空隙的菜品。

2. 烹调方法

烹调方法常采用熠、烧等。

（七）串连法

串连法是将一种或几种厚片原料调汁腌制后，串在钎子上的成形技法。其形状独特，别具一格，如图 2-54 所示的金钱鳝串。

图 2-54　金钱鳝串示意图

烹调方法：炸、铁板烧、烤等，可用竹签、牙签、木签、不锈钢等材料。

（八）叠合法

叠合法就是将不同性质的原料，分别加工成相同形状的小片，分数层粘贴在一起，成扁平形状的生坯。

（九）捆扎法

捆扎法就是将加工成条、段、片状的原料用丝状原料成束成串地捆扎起来，由于成形后似柴把，故菜肴命名为"柴把××"，如图 2-55、图 2-56 所示。

图 2-55　芹丝柴把肚

图 2-56　柴把鸭掌

1. 主料和捆扎料

主料多为混合原料丝、条、片、小块等；捆扎材料可选用绿笋、芹菜、葱叶、海带、金针菜等。

2. 烹制方法

烹调方法常采用蒸、拌、扒、熘等。

（十）扣制法

将所用原料按一定的次序有规则地码在碗内，成熟后整齐地覆盖入盛器中，使之具有美丽的图案，如图 2-57 所示的八宝甜饭。

图 2-57　八宝甜饭

（十一）模具法

模具法是指将糜胶或稀糊状的原料（或液体）装入模具中加热，原料中的蛋白质、淀粉受热后凝固成各种各样的固体形状。

（十二）滚粘法

滚粘法就是在圆形的原料的表面均匀地滚粘上一种或几种细小的末、粒、粉、丝状的物料而形成生坯。

（十三）挤捏法

挤捏法是指先将原料加工成糜胶状，再用手或工具将糜胶状的原料挤成各种形状的过程。

挤捏时，用左手抓糜胶状的原料，五指与手掌着力使原料从弯曲食指与大拇指之间的虎口处挤出，再用右手或汤匙刮成球形、橘瓣等形状；如果是球形较大的菜肴生胚，如大肉圆（俗称"狮子头"），则用手单只制作成形。

（十四）复合技法

所谓复合技法，是指菜肴的生胚造型通过两种或两种以上的方法加工而成。

项目三　中式烹调辅助技艺

任务　烹调辅助技艺

知识目标

1. 能描述淀粉的性质。
2. 能描述挂糊和拍粉的方法及注意事项。
3. 能描述上浆、勾芡的操作方法。
4. 能描述临灶操作的方法。

能力目标

1. 能对菜肴进行挂糊和拍粉。
2. 能对菜肴进行上浆、勾芡的操作。
3. 能正确完成临灶操作。

素养目标

1. 具备产品质量控制意识。
2. 具有岗位意识，爱岗敬业精神。
3. 培养学生认真严谨的学习作风，增强团队协作能力及创新意识。

在烹调工艺中，淀粉既不是主料，也不作配料，而且没有调味作用，但却是一种不可缺少的重要原料。

一、淀　粉

（一）淀粉胶体的热变化性质

1. 淀粉的物理性质

淀粉可分为直链淀粉（糖淀粉）和支链淀粉（胶淀粉）。前者为无分支的螺旋结构；

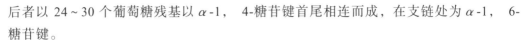

后者以 24~30 个葡萄糖残基以 α-1，4-糖苷键首尾相连而成，在支链处为 α-1，6-糖苷键。

直链淀粉遇碘呈蓝色，支链淀粉遇碘呈紫红色。这并非是淀粉与碘发生了化学反应（reaction），而是产生相互作用（interaction）。

淀粉是植物体中贮存的养分，贮存在种子和块茎中，各类植物中的淀粉含量都较高。

2. 淀粉的化学性质

淀粉的化学性质表现为淀粉的糊化和淀粉的老化。

1）淀粉的糊化

淀粉粒在适当温度下（各种来源的淀粉所需温度不同，一般为 60~80 ℃）在水中溶胀、分裂，形成均匀糊状溶液的作用称为糊化作用。糊化作用的本质是淀粉粒中有序及无序（晶质与非晶质）态的淀粉分子之间的氢键断开，分散在水中成为胶体溶液。

糊化作用的过程可分为三个阶段：

（1）可逆吸水阶段。水分进入淀粉粒的非晶质部分，体积略有膨胀，此时冷却干燥，颗粒可以复原，双折射现象不变。

（2）不可逆吸水阶段。随着温度升高，水分进入淀粉微晶间隙，不可逆地大量吸水，双折射现象逐渐模糊以至消失，亦称结晶"溶解"，淀粉粒胀至原始体积的 50~100 倍。

（3）淀粉粒最后解体。淀粉分子全部进入溶液。

糊化后的淀粉又称为 α-化淀粉。将新鲜制备的糊化淀粉浆脱水干燥，可得易分散于凉水的无定形粉末，即"可溶性 α-淀粉"。

2）淀粉的老化

稀淀粉溶液冷却后，线性分子重新排列并通过氢键形成不溶性沉淀。浓的淀粉糊冷却时，在有限的区域内，淀粉分子重新排列较快，线性分子缔合，溶解度减小。淀粉溶解度减小的整个过程称为老化。

老化是糊化的逆过程。老化过程的实质是：在糊化过程中，已经溶解膨胀的淀粉分子重新排列组合，形成一种类似天然淀粉结构的物质。值得注意的是，淀粉老化的过程是不可逆的，不可能通过糊化再恢复到老化前的状态。老化后的淀粉，不仅口感变差，消化吸收率也随之降低。

淀粉的老化首先与淀粉的组成密切相关，含直链淀粉多的淀粉易老化，不易糊化；含支链淀粉多的淀粉易糊化，不易老化。玉米淀粉、小麦淀粉易老化，糯米淀粉老化速度缓慢。

（二）淀粉胶体在烹饪中的应用

淀粉也就是俗称的"芡"，为白色无味粉末，主要从玉米、甘薯等含淀粉多的物质中提取，可直接食用，也可用于酿酒，同时还经常用作筵席的烹调辅料，在烹饪中具有无可替代的效用（见图 3-1）。

图 3-1 淀 粉

如何用好淀粉大有学问。一般中式烹调中大致有三种淀粉用法：挂糊、上浆和勾芡。挂糊就是下锅前在原料上加干淀粉；上浆就是下锅前在原料上加水淀粉；勾芡就是在起锅前加水淀粉使菜肴的汤变稠。那么不同的菜肴应该如何使用淀粉呢？爆、炒、熘菜肴，芡汁一定要够浓，这样才能裹住原料，不会让汤汁四溢；扒、烩、烧菜肴，浓度略低但仍要属浓芡，这样汤汁既能呈流动感又能与原料合为一体；制作汤汁流动的菜肴，可施薄芡，只要汤的浓度达到需要的程度即可，汤太浓会糊，太稀又会显得寡淡。

用淀粉时控制油温十分重要。烹调上浆的菜肴时，油温太高，淀粉容易黏结成块；油温太低，淀粉容易与原料脱离，也就失去了保护层的作用，所以最好在有少量油烟出现时下锅；而在挂糊煎炸时，追求的是焦黄松脆，这时就需要油温高一些，油烟大量出现时下锅为最佳时机。勾芡时也要掌握好时机，太早容易发糊黏锅，太晚又会分布不匀，需要见机行事。

（三）烹饪中常用淀粉的种类及特点

勾芡用的淀粉又叫作团粉，是由多个葡萄糖分子缩合而成的多糖聚合物。烹调用的淀粉主要有绿豆淀粉、木薯淀粉、甘薯淀粉、红薯淀粉、马铃薯淀粉、麦类淀粉、菱角淀粉、藕淀粉、玉米淀粉等（见图 3-2）。淀粉不溶于水，在和水加热至 60 ℃ 左右时（淀粉种类不同，糊化温度不一样），则糊化成胶体溶液。勾芡就是利用淀粉的这种特性。

图 3-2　各种淀粉

1. 绿豆淀粉

绿豆淀粉是最佳的淀粉，由于价格较高，所以一般很少使用。它是由绿豆用水浸涨磨碎后，沉淀而成的。其特点是：黏性足，吸水性小，色洁白而有光泽。

2. 马铃薯淀粉

马铃薯淀粉是目前家庭常用的淀粉，是将马铃薯磨碎后，揉洗、沉淀制成的。其特点是：黏性足，质地细腻，色洁白，光泽优于绿豆淀粉，但吸水性差。

3. 小麦淀粉

小麦淀粉是面团洗出面筋后沉淀而成或用面粉制成。其特点是：色白，但光泽较差，质量不如马铃薯粉，勾芡后容易沉淀。

4. 甘薯淀粉

甘薯淀粉的特点是吸水能力强，但黏性较差，无光泽，色暗红带黑，由鲜薯磨碎、揉洗、沉淀而成。

5. 木薯淀粉

木薯淀粉是木薯经过淀粉提取后脱水干燥而成的粉末。木薯淀粉有原淀粉和各种变性淀粉两大类，被广泛应用于食品工业及非食品工业。变性淀粉可根据用户提出的具体要求定制，以适用于特殊用途。

木薯淀粉呈白色，无异味，适用于需精调味道的产品，如布丁、蛋糕和馅心西饼馅等。木薯淀粉蒸煮后形成的浆糊清澈透明，适合于用色素调色，这对木薯淀粉用于高档纸张的施胶很重要。

由于木薯原淀粉中支链淀粉与直链淀粉的比率高达 80∶20，因此具有很高的尖峰黏度，这一特点有广泛的用途。同时，木薯淀粉也可通过改性消除黏性产生疏松结构，这在许多食品加工中相当重要。

二、挂糊和拍粉技术

挂糊工艺

挂糊是先指用淀粉和（或）面粉、水（或鸡蛋）等调制成具有一定浓稠度的糊液，再将处理过的原料在烹制之前浸入糊液中拖过，使其表面裹糊均匀。

挂糊的作用主要是能使菜肴形成不同的色泽和质感（见图 3-3、图 3-4），如面包渣油炸后变成金黄、火红色；鸡蛋清色泽洁白；鸡蛋黄或全蛋变金黄色。糊化的淀粉与变性的蛋白质组成硬壳，防止原料中水分流失，使菜肴鲜嫩。挂糊还可防止高温直接作用于原料而破坏营养素。糊与原料巧妙结合，丰富了菜肴的风味特色。粉糊的种类较多，选择什么样的粉糊要依据菜肴的烹调方法及成品特点。

图 3-3　炸凤尾虾

图 3-4　拔丝香蕉

（一）粉糊的种类

1. 水粉糊

水粉糊是指将淀粉用水浸泡一段时间，让淀粉颗粒充分吸水，然后再用已沉淀下来的淀粉调制成糊。这样制成的菜肴干香酥脆、色泽金黄，如图 3-5 所示的"糖醋鲤鱼"等。

图 3-5　糖醋鲤鱼

2. 蛋清糊

蛋清糊又称蛋白糊，是用鸡蛋清、淀粉或面粉调制而成，其用料比例是 1∶1，可加适量水。这样制成的菜肴外酥脆、里鲜嫩、色淡黄，如图 3-6 所示的"软炸鱼条"等。

图 3-6　软炸鱼条

3. 蛋泡糊

蛋泡糊又称高丽糊或雪衣糊，是将鸡蛋清用筷子顺着一个方向搅打，打至起泡，筷子在蛋清中直立不倒为止，然后加淀粉和面粉拌和成糊，其投料比例为 3∶1 或 2∶1。这样制成的菜肴外形饱满、外松里嫩、色泽洁白美观，如图 3-7 所示的"高丽香蕉"等。

图 3-7　高丽香蕉

4. 全蛋糊（酥黄糊）

全蛋糊又称蛋粉糊，是用全蛋加淀粉或面粉调制而成。这样制成的菜肴外酥脆内松软，色泽金黄，如图3-8所示的"软炸鸡条"等。

图 3-8　软炸鸡条

5. 脆皮糊（酥炸糊）

脆皮糊又称脆浆糊，是先将面粉、生粉、泡打粉、盐放入盘中搅拌均匀，然后加入清水调拌，再放入精炼油调拌匀即成。这样制成的菜肴酥脆、酥香、胀发饱满、色泽金黄，如图3-9所示的"脆皮明虾"等。

图 3-9　脆皮明虾

6. 拍粉托蛋糊

拍粉托蛋糊是指原料在挂糊前先拍上一层干淀粉或干面粉，然后再挂上一层糊，如图 3-10 所示的"拔丝苹果"等。

图 3-10　拔丝苹果

（二）挂糊的成品标准与操作关键

1. 挂糊技术的成品标准

（1）厚薄一致。主要在于调糊均匀，调制不好会导致挂在原料上的糊厚薄不一致（见图 3-11）。

（2）表面平整。原料挂糊后表面无凹凸现象，否则炸制时会因表面不平整而导致溅油或蹦跳现象。

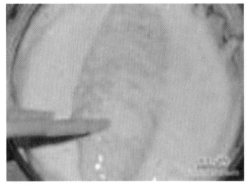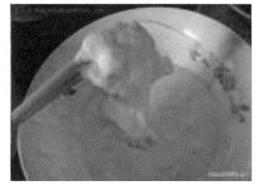

图 3-11　调糊均匀

2. 挂糊的操作关键

（1）糊的浓稠要根据原料质地灵活掌握。质地较老的原料，糊的浓度应稀一些；较嫩的原料，糊的浓度应稠一些。较老的原料所含的水分少，可容纳糊中较多的水分向里渗透；较嫩的原料所含水多，糊中的水分要向里渗透就比较困难。

（2）经过冷冻的原料糊应浓稠一些，未经冷冻的原料糊要稀一些。经过冷冻的原料在解冻时会发生汁液流失现象，所以糊的浓度应高些，以便吸收从原料内流出的汁液，如果过稀则容易脱糊；而未经冷冻的原料，不存在汁液流失现象，所以糊的浓度可相对低些。

（3）水分较多、表面光滑的原料挂糊时要拍干粉。对水分较多、表面光滑的原料进行挂糊时，可在原料的外表先拍一层干粉，然后再拖上糊下油锅炸，这样可使干粉吸收原料表面的水分，同时使表面干燥不平，使糊更加容易附着，避免脱糊现象的发生。

（4）调粉时一定要调开，不能带有颗粒；否则未溶解的颗粒在油中加热容易爆炸。其次，挂糊时也要包裹均匀，不能出现破裂，否则原料水分溢出，会出现脱糊现象，挂糊后的原料在下锅时要分散、分次投入，防止相互连结。

（三）挂糊对原料水分及其他成分的影响

（1）挂糊对原料的水分保护有明显的效果，对脂肪、蛋白质、维生素等也有一定的保护作用。

（2）脂肪、蛋白质、维生素的水分保存率为：蛋泡糊＞全蛋糊＞水粉糊。例如，里脊肉挂糊炸（见图 3-12）比清炸后的水分保存率提高 18%～56%；鸡脯肉的水分保存率提高 15%～30%；鱼肉则提高 34%～41%。挂糊对蛋白质的保护率也有提高，一般为 2%～8%；对维生素有微弱保护效果；但对脂肪效果不太明显。

图 3-12　炸里脊肉

（四）拍粉技术

拍粉，即在原料表面粘拍上一层干淀粉，以起到与挂糊作用相同的一种方法。所以拍粉也叫"干粉糊"。

1. 拍粉的作用

拍粉能使原料更显原形，同时菜品也更加整齐均匀；拍粉能起到保护原料营养成分和防止水分流失的作用；拍粉使原料干炸时质脆酥香，肉质软嫩。

2. 拍粉种类

（1）直接拍粉：在原料表面上拍一层干淀粉，原料不需要挂糊和上浆，拍粉后直接炸制或油煎。其特点是成品干硬挺实、不收缩。直接拍粉的原料适用于炸的方法，原料一般都要经过精细的刀功处理，拍粉后可使剖切的刀纹分开不粘连，炸制后花纹清晰美观，外脆内嫩。

（2）拍粉拖蛋糊：先拍粉，从蛋液中拖过，再拍上面包粉或果仁。该方法适用于高油温炸熟，成品外香松酥脆，里鲜嫩。如在烹制"松鼠鳜鱼（见图3-13）""菊花鱼"等菜肴时，原料剖花刀后，要腌渍调味，然后再拍粉油炸。原料经过多种液体调味品腌渍，使剖开的原料表面水分增大，黏性增强，干粉不易粘挂均匀，所以要边拍粉边抖动，防止炸制后，结成一团，花纹无法呈现，影响卤汁的粘挂和吸收，失去酥松香脆的口感。

图 3-13　松鼠鳜鱼

（3）拍粉拖蛋液后再粘上芝麻、花生仁、腰果、核桃仁、松仁等加工成碎粒状的香脆性用料，以突出成品香脆的特殊风味，如图3-14所示的"炸猪排"。

图 3-14　炸猪排

拍粉操作关键：现拍现炸，不宜久置，防止淀粉吸收原料中的水分，使原料变得干燥；原料刀口处淀粉要拍匀，防止原料黏结，影响造型；拍粉时，要按紧并抖清余粉，防止加热时脱粉和对油质造成过多的污染。

三、上浆技术

上浆在行业上行话是"码芡"，就是按菜肴特点将动物性原料在加热前用淀粉、蛋液等辅料拌和加热后，使原料表面形成浆膜的一种烹调辅助手段。

（一）上浆操作的作用

上浆的原料加热后，淀粉糊化成为黏性很大的胶体，紧紧包裹在原料表面，避免原料表面与高温油的直接接触，使原料的蛋白质在低温下变性成熟，这样原料内部水分与呈味物质就不易流失而使菜肴显得鲜嫩，且原料在加热中不易破碎，从而起到了保嫩、保鲜、保持形态、提高风味与营养的综合优化作用。具体归纳如下：

（1）最大限度地保持原料营养素。

（2）有助于保持原料的嫩度。

（3）有助于保持原料的形态。

（4）增加菜肴的滋味。

（二）上浆原料的选择与加工

1．原料选择

选用鲜嫩的动物性原料的肌肉、内脏时，一般宜选用后熟期原料，因为此时肉体软化，肌原纤维破碎持水性提高，ATP 在酶的作用下变成风味物质 IMP，部分蛋白质则可变成肽、氨基酸等风味物质。

另外，陆生动物的横纹肌有结缔网络的肌纤维，加工后不易破碎但易失水萎缩老化；鱼肉比较松散、细嫩，易破碎；虾肉含水量大易流失而使肉质老木或破碎。

2．原料加工

上浆原料的刀工处理以加工成片、丝、丁、粒（米）、花刀型为主（见图 3-15）。

图 3-15　上浆肉丝

（三）上浆的程序和方法

1．上浆前的处理

（1）漂洗：去除原料表面的碎屑、血污，使菜肴色泽洁白；某些菜肴色泽要求不是白色，则可不用漂洗；注意保存营养。

（2）腌渍：以无色调味品腌渍较多；也可根据菜肴的特点及要求加入调味品腌渍。

2．上浆处理

1）浆液分类

（1）干粉浆：直接用干淀粉与原料拌和，适宜含水量较多的原料，要充分拌匀。

（2）水粉浆：用湿淀粉与原料拌和。

（3）蛋清浆：原料先用鸡蛋清拌匀，再用淀粉（干湿都可）拌匀，适用于色白的菜肴。

（4）全蛋浆：用全蛋、淀粉与原料拌和，适用色深的菜肴。

2）上浆处理的关键

（1）投放淀粉与蛋清的数量要恰当，用量少则黏性少易脱落，不起作用；多了则黏度大、易起团、不光滑，又会影响下一步"滑油"操作。蛋清要搅打均匀，不能成泡沫。

（2）搅拌：虾仁搅拌时间长，用力要迅速，使肉质充分吸浆；鱼肉易断裂，搅拌力不宜过猛，防止碎屑的产生；禽畜原料上浆前加适量水让其吸收，搅拌不充分易脱浆。搅拌后原料要"上劲"，如不"上劲"会影响下一步"滑油"操作。

3. 上浆后处理

（1）现浆现滑油。对于猪肝、腰花、鳝片等原料，时间过长会渗水，淀粉不溶于凉水而发生沉积，需要重新拌和均匀再滑油处理。

（2）静置。上浆后的原料（如肉丝、鱼片等）可放入冰箱的冷藏室，静置一段时间再滑油，如同"面团"的醒面，这样可使浆液进一步黏附入骨，但时间过长则会渗水脱浆。

（3）添油脂。鱼丝、鱼片、肉丝、虾仁等上浆后要拌色拉油，这样可使原料在滑油时迅速分散，受热均匀，并对原料的成熟时的光泽度和润滑性有一定的增强作用。但此步骤要在原料加热前进行，过早则不利。

4. 滑油处理

上浆后的原料滑油时，常遇到脱浆或黏结成团的问题，这是因为油温的原因。油与原料的比例为 3 : 1，油温为 130～140 ℃（3～4 成）；另外在原料滑油时易出现粘锅现象。原因是没有炙锅，应做到热锅凉油，即可避免粘锅现象。

注意：除"宫保鸡丁（见图 3-16）""鱼香肉丝""水煮牛肉"等菜肴可以只上浆，不用滑油处理外，其余的上浆原料都要作滑油处理。

图 3-16　宫保鸡丁

四、勾芡技术

浆粉芡工艺

勾芡是指在菜肴成熟或接近成熟、锅中汤汁保持沸腾时，投入淀粉溶液，以使卤汁稠浓，黏附或部分黏附在菜肴表面上的过程（见图 3-17）。

图 3-17　勾芡

（一）勾芡的作用

（1）勾芡能增加菜肴的光泽。由于淀粉受热变黏后，产生一种特有的透明光泽，能使菜肴的颜色和调味品的颜色更加鲜明地反映出来。

（2）保持菜肴的温度。由于芡汁裹住了菜肴外表，能较长时间保持菜肴的热量。

（3）突出菜肴的风格。适当提高汤的浓度，使主料浮上，突出了主料的位置，也使汤汁变得滑润可口。

（4）增加菜肴的黏度和醇厚感。勾芡能使菜肴或汤汁的浓度增加，黏性增大，口味醇厚、绵长，如图 3-18 所示的"菠萝咕咾肉"。

图 3-18　菠萝咕咾肉

（二）菜肴芡汁的种类和特点

芡汁是评判菜肴质量的基本依据之一，因为不同的菜式，对芡汁的数量及浓稠度均有相应的严格要求。行业中一般按芡汁浓稠度的差异，将菜肴芡汁分为包芡、糊芡、流芡、米汤芡 4 类。

（1）包芡：又称油爆芡、抱芡、利芡，芡汁的数量最少，稠度最大，主要适用于炒、油爆类菜肴，如"油爆双脆（见图 3-19）""宫保鸡丁"等。

图 3-19 油爆双脆

（2）糊芡：浓度比包芡略稀，多用于汤汁宽而浓的菜肴，如"糖醋鱼""焦熘肉片（见图 3-20）""烩乌鱼蛋"等。

图 3-20 焦熘肉片

（3）流芡：又称玻璃芡，芡汁数量较多，浓度较稀薄，能够流动，适用于扒、烧、烩类菜肴，如"白扒鱼肚（见图 3-21）"等。

图 3-21　白扒鱼肚

（4）米汤芡：是芡汁中最稀的一种，浓度最低，似米汤的稀稠度，主要作用是使多汤的菜肴及汤水变得稍稠一些，以便突出主、配料，口味较浓厚，如"酸辣汤（见图 3-22）"等菜肴。

图 3-22　酸辣汤

（三）粉汁的调制与勾芡的操作方法

1. 淀粉汁分类

淀粉汁分水粉芡和兑汁芡两种：

（1）水粉芡：由淀粉和水调匀。

（2）兑汁芡：在原料下锅之前，用淀粉、老汤或水和各种调味品放在一起调成芡汁，当菜肴成熟或将要成熟时，倒入芡汁。

2. 菜肴勾芡方法

1）拌

（1）菜肴成熟后，将兑汁芡倒入锅内不停地翻炒原料使汁芡将原料裹住。

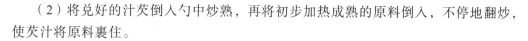

（2）将兑好的汁芡倒入勺中炒熟，再将初步加热成熟的原料倒入，不停地翻炒，使芡汁将原料裹住。

2）淋

淋就是在菜肴接近成熟时，一面将汁芡慢慢地淋洒在锅内一面摇晃炒锅，再用手勺搅匀。

3）浇

浇就是把汁芡浇在菜肴的表面上。

（四）勾芡技术的操作关键

1. 必须在菜肴接近成熟时勾芡

（1）菜肴在半熟时勾芡，容易引起芡汁焦糊现象。

（2）菜肴过熟时勾芡，就容易"过火"而失去脆嫩的风味。

（3）为了菜肴的脆嫩，应缩短芡汁受热时间，使芡汁不粘不稠。

2. 必须在汤汁恰当时勾芡

（1）汤汁过多，影响勾芡效果，可收干或舀出一些。

（2）汤汁过少，需要适当添加，以便与勾芡相适应。

3. 必须在口味确定后勾芡

（1）加调味品的芡汁一定要在兑完芡时调正口味。

（2）不加调味品的芡汁，必须先将锅内菜肴定好口味，待口味确定后再进行勾芡。

4. 精确掌握芡汁的用量

勾芡时淀粉的用量一般与原料数量、含水量成正比；与火候的大小及淀粉的黏度、吸水性成反比。

（五）自来芡的形成与运用

自来芡，即菜肴采用大火收稠卤汁，使之黏稠似胶，行业中称为"自来芡"。

1. 自来芡与粉质芡的比较

（1）无淀粉腻味，附着力强。自来芡无腻味、附着力强；粉质芡有腻味，甚至有芡粉疙瘩。

（2）无粉质芡"澥掉"。自来芡无"澥掉"，冷却后菜肴光亮诱人；粉质芡菜肴冷却后色泽变暗，有"澥掉"。

（3）无粉质芡的重热效果差及焦糊现象。自来芡冷却后变"冻"，加热后融化无糊底现象；粉质芡在温度下降后会变硬，重热效果差，甚至出现食物焦糊。

2．自来芡的形成原理

（1）胶原蛋白水解生成黏稠似芡的明胶。

（2）油脂的乳化作用使汤汁的浓度增加。

（3）糖的黏度使卤汁进一步增稠。

3．自来芡的烹调应用

1）合理选择原料、调料

宜选择动物性含胶原蛋白较多的原料；油脂以富含磷脂的油脂为宜；调料宜用糖、油、酱油。

2）正确施加调味品

使用酱油时一次加准，中途追加会影响菜肴风味；用糖时第一次加少许调味；菜肴成熟时再加一收汁；用盐时中途添加，有利于胶原蛋白分解。

3）旺火收汁时要不停地晃匀

晃匀的目的是使原料受热均匀，防止菜肴粘锅糊底、汤汁变黑产生异味。

（六）淋油技术处理

淋油，是指在菜肴出锅时淋入适量熟油。淋油对菜肴具有亮芡、润滑、增香、增色、保温及营养作用。

1．淋入的油脂种类

淋油可以选用猪油、鸡油、葱油、色拉油、芝麻油、花椒油、辣椒油、材料油浸炸成的油。

2．淋油的注意事项

1）结合菜肴的特点用油

清淡口味的菜肴选用色浅、味淡的色拉油；口味浓厚的菜肴选用呈味较重的复合味油脂。

2）掌握好淋油的使用范围和用量

淋油的量少，增加不了菜肴色泽；适中，则菜肴富有光泽；量大，会增加菜肴油腻感。

五、临灶操作

临灶工作的基本要求包括准备工作、正式临灶烹调操作、收尾工作。

临灶操作

（一）准备工作

（1）原料准备工作，包括调料准备、制汤工作及初步热处理工作（见图3-23）。

（2）备好烹调加热器具。

（3）检查炉具设备。

（4）检查是否达到卫生要求。

图 3-23　调料准备

（二）正式临灶烹调操作

（1）姿势正确，优美大方（见图3-24）。

（2）熟练烹调的各项基本功。

（3）认真细致，注意安全。

图 3-24　正式烹调操作

（三）收尾工作

营业结束工作后要做好各项收尾工作，包括卫生工作、收料工作、安全工作；关好各种炉灶阀门，或添煤将炉火封好，关好水管、电灯设备；收好没有使用的各种原料以及半成品，收好各种调料；将炉台、烹调器具、调料罐进行一次卫生清理，并按位放好；整个地面应墩洗一次，确保工作场地整齐清洁；为次日工作做好准备。

项目四　中式菜肴组配

任务　菜肴组配工艺

菜肴组配工艺

任务目标

知识目标

1. 能描述单一菜肴组配的规律。

2. 能描述筵席菜肴菜点构成、配菜基本要求及组配方法。

3. 能描述菜肴营养组配及人员要求。

能力目标

1. 能对单一菜肴进行色、香、味组配。

2. 能对筵席菜肴进行组配。

素养目标

1. 具备产品质量控制意识。

2. 具有岗位意识，爱岗敬业精神。

3. 培养学生认真严谨的学习作风，增强团队协作能力及创新意识。

知识链接

　　制作某个菜肴需要的原料经过初步加工及分解切割成型后，还要按照一定的规格质量标准，通过一定的方式方法，组配成标准的分量或制成菜肴生坯才能正式烹调，这一过程称为原料组配工艺或菜肴配料工艺，简称配菜。

一、菜肴组配的作用

（一）菜肴组配的作用

（1）确定菜肴的质和量。

（2）使菜肴色、香、味、形基本确定（见图 4-1）。

菜肴组配的
作用与要求

（3）确定菜肴的营养价值。

（4）确定菜肴的成本。

（5）使菜肴的形态多样化。

图 4-1　组配菜肴

（二）菜肴组配的目的

（1）使单个菜肴或套菜的主体风味基本确定。

（2）确定菜肴的质量和成本。

（3）调配工艺是菜式创新的基础。

（三）菜肴组配工艺的意义

（1）配菜实际上是使菜肴具有一定的质量形态的设计过程。

（2）配菜紧接着刀工工序，与刀工有着密切的关系。刀工是为配菜提供材料；配菜是直接为烹调做准备。因此，人们往往把刀工和配菜连在一起，总称切配。

（四）菜肴组配工艺重要性

（1）配菜决定菜肴的品质与数量。

（2）配菜决定菜肴的色、香、味、形、质。

（3）配菜决定菜肴的营养价值。

（4）配菜决定菜肴的成本。

（5）配菜也是菜肴品种创新的基本手段。

二、菜肴组配的要求

菜肴组配技艺

（一）菜肴营养与卫生的组配

（1）配菜时要注意营养的充分全面（见图 4-2）。

（2）注意各种营养素的搭配比例应合乎平衡膳食要求。

（3）注意食物的酸碱平衡。

（4）注意必需氨基酸和必需脂肪酸的含量。

（5）注意食物中纤维素的含量。

（6）注意食物的合理选配加工，使食物易于消化吸收，减少营养损失。

（7）注意食物必须对人体无毒害，符合食品卫生标准。

（8）防止营养素的流失，主要措施包括：蔬菜应先洗后切；注意使用旺火烹调；加醋烹调；挂糊勾芡；不用高温油；减少淘洗次数；多吃粗粮；连皮食用。

图 4-2　菜肴营养组配

（二）菜肴色彩的组配原则

菜肴色彩组配人员应注意菜肴色彩、营养及对人的心理影响；需了解有关色彩的基本知识。

（三）香味的组配原则

（1）主料香味较好，应突出主料的香味。

（2）主料的香味不足，应用辅料的香味予以补充。

（3）主料香味不理想，可用调味品香味予以修正。

（4）香味相似的原料不宜相互搭配。

（四）菜肴口味的组配原则

（1）本味原则。

（2）浓味原则。

（3）求变原则。

（五）菜肴原料形状的组配原则

（1）原料的形状必须协调统一。

（2）辅料的形状必须服从于主料的形状。

（3）整体组配应该遵循美学原理。

（4）需考虑原料的成熟时间问题。

（六）菜肴质地的组配原则

（1）同一质地原料相配，即脆配脆、嫩配嫩、软配软、酥配酥等。

（2）不同质地原料相配，即将不同质地的原料组配在一起，使菜肴质在有脆有嫩、有软有烂、有黏有滑等，口感丰富。

（七）原料与器皿的组配原则

（1）根据菜肴的档次定餐具。

（2）根据菜肴的类别定餐具。

（3）根据菜肴的数量定餐具。

（4）根据人们的习惯定餐具。

（5）根据条件定餐具。

菜肴组配的
形式与方法

三、菜肴组配的形式

1．菜肴营养与卫生的组配（见图 4-3）

图 4-3　菜肴营养与卫生组配

2. 菜肴色彩的组配（见图4-4）

图 4-4　菜肴色彩组配

3. 香味的组配（见图4-5）

图 4-5　香料

4. 菜肴口味的组配（见图4-6）

图 4-6　菜肴口味组配

5. 菜肴原料形状的组配（见图 4-7）

图 4-7　菜肴原料形状组配

6. 菜肴质地的组配（见图 4-8）

图 4-8　菜肴质地组配

7. 原料与器皿的组配（见图 4-9）

图 4-9　原料与器皿组配

四、单一菜肴的组配

单一菜肴的组配是菜肴配菜的基础，只有先掌握好单一菜肴的组配方法，才能掌握整桌宴席及宴会包桌的组配方法。

组配时需要处理好以下关系：

（1）主副食的搭配、主辅料的搭配、口味的搭配、质感的搭配、色泽的搭配、营养的搭配等。

（2）地域、气候、年龄、性别、体质、职业、宗教等方面的不同要求。

（3）精通扣、卷、扎等成型技术。

（一）单一菜肴原料的构成及组配形式

单一菜肴原料组配工艺简称"配菜"，它是把加工成形的各种原料加以适当配合，使其可烹制出一份完整的菜肴的工艺过程。原料组配工艺是整个烹调工艺的重要环节之一，是使菜肴具有一定品质形态的设计过程。一般来说，一份完整的菜肴由三个部分组成：主料、配料和调料。

1. 单一原料菜肴的组配

单一原料菜肴是指菜肴中没有配料，只有一种主料，经调味即可，这种形式对原料的要求特别高，必须是比较新鲜、质地细嫩、口感较佳的原料，如"清炒虾仁（见图4-10）""清蒸鲥鱼""蚝油牛肉""葱油海蜇"等。

图 4-10　清炒虾仁

2. 多种主料菜肴的组配

多种主料菜肴是指菜肴中主料品种的数量为两种或两种以上，原料在数量上大致相等，无任何主辅之别，配菜时各种原料应分别放置在配菜盘中，方便菜肴的烹调加工。此类菜肴的名称一般均与"数"离不开，如"汤爆双脆（见图 4-11）""三色鱼圆（见图 4-12）""植物四宝"等。

图 4-11　汤爆双脆

图 4-12　三色鱼圆

3．主、辅料菜肴的组配

主、辅料菜肴是指菜肴中有主料和辅料，并按一定的比例构成。其中主料为动物性原料，辅料为植物性原料的组配形式较多；也有主料为植物性原料，辅料为动物性原料的组配形式，如"肉末豆腐""大煮干丝"等。辅料可以只有一种，如"宫保鸡丁""青椒肉丝"；也可以多种，如"五彩虾仁（见图 4-13）""绣球鸡"等。

图 4-13　五彩虾仁

（二）单一菜肴组配工艺的作用

组配工艺是整个烹饪工艺流程的一个组成部分，在它之前承接多种前道工序，而在它之后又有后续工序跟接。从其发挥的作用看，由菜肴制作的初始选料至最后成菜，组配工艺处于整个工艺流程的中心环节，通过菜肴组配工艺的实施，可以确定菜肴的价格、营养成分、烹调方法、口味、造型、色泽等。

（1）可以确定菜肴所用的原料，进而确定菜肴的成本和售价，做到合理搭配，物尽其用。

（2）奠定菜肴的质量基础。质——组成菜肴的各种原料的品质；量——菜肴中所包括的各种原料的数量及配比。

（3）奠定菜肴的风味基础。

风味体系的形成如图 4-14 所示。

$$
风味体系
\begin{cases}
色——色相、色调、色泽、色浓度 \\
形——形态、形象、形构、形式 \\
香——香型、香构、香韵 \\
味——味型、味性、味浓度 \\
质——质温、质厚、质构
\end{cases}
$$

图 4-14　风味体系的形成

其中，菜肴的色泽与三个方面有关：①原料本身固有的色泽；②调味品所赋予的色泽；③加热过程中的变化色泽。图 4-15 所示为猪肘制作过程中的色泽变化。

图 4-15　猪肘色泽

（4）组配工艺是菜肴品种多样化的基本手段。通过配菜，将各种原料进行合理的搭配；再经过刀工的变化、不同烹调方法的运用，以及调味品的使用实现菜肴品种有多样化。

（5）确定菜肴的营养价值。通过组配，将多种原料有机地结合在一起，各种原料所含的多种营养成分相互补充，能更好地满足人体对营养素的需求，提高菜肴原料的消化吸收率，从而达到平衡膳食、合理营养的实用目的。

（三）菜肴色、香、味、形组配的一般规律

1. 原料色彩的组配规律

烹饪的色彩美是指注重本色美，尽量少用或不用人工合成色素。对菜肴的色彩组配首先要确定菜肴的色调，即菜肴的主要色彩，又称为"主调"或"基调"，通常以主料的色彩为基调，辅料的色彩为辅色，起衬托、点缀、烘托的作用。主辅料之间的配色应根据色彩间的变化关系来确定。

2. 菜肴香味的组配规律

香味是指人们通过嗅觉器官感知物质的感觉。研究菜肴的香味主要考虑的是食

物加热和调味以后表现出来的嗅觉风味。各种水果、蔬菜及新鲜的动、植物原料都具有独特的香味，组配菜肴时既需要熟悉各种烹饪原料所具有的香味，又要知道其成熟后的香味，注意保存或突出它们的香味特点，并进行适当的搭配，才能在配菜时更符合人们的需求。如洋葱、大葱、大蒜、韭菜、药芹、香菜等都具有丰富的芳香类物质，若适当地与动物性原料相配，就能使烹制出的菜肴更为醇香。菜肴香味的组配规律包括：

（1）突出主料的香与味。以主料的香、味为主，辅料适应主料的香与味使主料的香味更为突出，如图4-16所示的"清炒鸡丝"。

（2）弥补主料香与味的不足。有些主料本身的香与味较淡，可用味浓的辅料加以补充。

（3）掩盖主料的香与味。主料的异味较浓时，可突出调味品的香气。

（4）香味相似的原料不宜相互搭配（见图4-17）。相似原料组配在一起反而主料的香味更差。

图 4-16　清炒鸡丝

图 4-17　香味相似的原料

3. 菜肴口味的组配规律

口味是通过的口腔感觉器官——舌头上的味蕾鉴别的，是评价中国菜肴的主要标准，是菜肴的灵魂所在，一菜一格，百菜百味。原料经烹制后具有各种不同的味道，其中有些是人们喜欢的，需保留发挥；有些是人们不喜欢的，需采用各种方法去除或改变其味道。这就需要进行适当的组配，以适应人们对味的要求。

4. 菜肴原料形状的组配规律

（1）依据加热时间长短来组配。加热时间短原料小些；加热时间长原料大些。

（2）依料形相似来组配。一般以丁配丁、丝配丝、条配条、片配片、块配块等。

（3）辅料服从主料来组配。配料的形状不能超过主料，辅料要加工成与主料相似的形状，注意有些原料经过制花处理后加热会变形。如图 4-18 所示的"爆炒腰花"，主料腰花与辅料就都是菱形的。

图 4-18　爆炒腰花

　　菜肴原料形状的组配是指将各种加工好的原料按照一定的形状要求进行组配，组成一盘特定形状的菜肴。菜肴原料形状的组配不仅关系到菜肴的外观，而且直接影响到烹调和菜肴的质量，是配菜的一个重要环节。好的菜肴形态能给人以舒适的感觉，增加食欲；臃肿杂乱的菜肴形态则使人产生不快，影响食欲。

　　5. 菜肴原料质地的组配规律

　　组配菜肴的原料品种较多，同一品种的原料又由于生长的环境和时间不同，性质有所差异，它们的质地也有软、硬、脆、嫩、老、韧之别，在配菜时应根据它们的性质进行合理的搭配，使其符合烹调和食用的要求。

　　6. 菜肴与器皿的组配规律

　　餐具种类繁多，从质地材料看，有金（或镀金）、银（或镀银）、铜、不锈钢、瓷、陶、玻璃、木质、竹、漆器、镜子之别；从形状上看，有圆、椭圆、方形、多边形、象形、带盖等多种形状；从性质来看，有盘、碟、腰盘、碗、品锅、明炉、火锅等品种（见图 4-19）。

　　为了使菜肴装在餐具中显得既饱满又不臃肿，通常以器皿定量，这是最基本的，也是最常用的确定单个菜肴原料总量的定量方法，即用不同容量、不同规格的盛器，可以预先核定出菜料总量标准。在此基础上，再进行分量计定，即根据不同的菜肴，规定总量中不同原料的数量、构成比例等。例如，居主导地位的主要原料在总量上要多于居次要地位的辅助原料；无主次之分的原料组成，数量大致相等即可。

图 4-19　盛菜的器皿

五、整套菜肴的组配

套菜组配工艺是根据就餐的目的、对象，选择多种类型的单个菜肴进行适当搭配组合，使其具有一定质量规格的整套菜肴的设计、加工的过程。套菜组配工艺是决定套菜形式、规格、内容、质量的重要手段。配制套菜除了对每份菜中原料的搭配有所要求以外，还对成套菜中各份菜之间的搭配有所要求。单一菜组配更多地强调单个组配客观对象构成的完整性，套菜组配更多地强调组配客观对象群体和人的对象群体的双向联系和统一，因而，研究套菜组配必须用全面的、整体的观点进行指导。

套菜通常由冷菜和热菜共同组成。根据其档次、规格的不同，可分为便餐套菜和筵席、宴会套菜两类。便餐套菜的档次较低，可由冷菜和热菜组成，也可只用数道热菜，一般不用工艺菜。筵席套菜的档次较高，十分强调规格化，一般由多个冷菜和热菜所组成，并把菜肴分为冷碟、热炒、大菜等，可以穿插使用工艺菜。由于套菜中以筵席菜的组配最具有典型的代表性，本节着重探讨筵席菜肴的组配。

宴会与筵席既密切关联，又有一定的区别。宴会上的一桌整套菜肴及席面称为筵席，因此筵席是宴会的组成部分，同时筵席又可独立运作。宴会必备筵席，正如人们常说的"宴宾客，摆筵席"，就菜肴的组配而言，两者是一样的。

（一）筵席菜点的构成

1. 冷　菜

冷菜又称"冷盘""冷荤""凉菜"等，是相对于热菜而言的。形式有单盘、双拼、三拼、什锦拼盘或花拼带围碟等，都系佐酒开胃的冷食菜，其特点是讲究调味、刀面与造型，要求荤素兼备，质精味美。表达方式多用几何图形，简单而实用，如图 4-20 所示。

图 4-20　什锦拼盘

2. 热　菜

热菜一般由热炒、大菜组成，它们属于筵席食品的"躯干"，质量要求较高，排菜应跌宕变化，好似浪峰波谷，逐步将筵席推向高潮，如图 4-21 所示。

（a）清蒸鳜鱼　　　　　　　　　　　　　　（b）香辣蟹

图 4-21　热菜

3. 甜　菜

甜菜包括甜汤、甜羹等，泛指筵席中一切甜味的菜品。其品种较多，有干稀、冷热、荤素之别，需视季节和席面而定，并结合成本因素考虑。甜菜的用料多选果蔬菌耳或畜肉蛋奶。其中，高档的如冰糖燕窝[见图 4-22（a）]、冰糖甲鱼、冰糖蛤士蟆；中档的如散烩八宝[见图 4-22（b）]、拔丝香蕉；低档的如什锦果羹、蜜汁莲藕。

（a）冰糖燕窝　　　　　　　　　　　　　　（b）散烩八宝

图 4-22　甜菜

4．素　菜

素菜根据其食用对象分为寺院素菜、宫廷素菜、民间素菜。素菜的特征主要有：时鲜为主，清爽素净；花色繁多，制作考究；富含营养，健身疗疾。素菜是以植物类、菌类食物为原料制成的菜肴。我国的素菜源远流长，产生于春秋战国时期，主要用于祭祀和重大的典礼。魏晋、南北朝时，随着佛教的传入，"吃素"理论逐渐形成，对素菜的发展起到了极大的推动作用。从此，素菜便自成体系，独树一帜，成为丰富多彩的中国菜肴和食文化的一个重要组成部分。素菜作为菜肴流派之一，通常指用植物油、蔬菜、豆制品、面筋、竹笋、菌类、藻类和干鲜果品等植物性原料烹制的菜肴（见图4-23）。

（a）白灼芦笋　　　　　　　　　　　　（b）竹荪蒸蛋

图 4-23　素菜

5．席　点

筵席点心的特色：注重款式和档次，讲究造型和配器，玲珑精巧，观赏价值高。筵席点心通常安排2～4道，随大菜、汤品一起编入菜单中，品种有糕、米团、饼、酥、卷、角、皮、包、饺、奶、羹等，常用的制法多为蒸、煮、炸、煎、烤、烘（见图4-24）。

（a）红糖锅盔　　　　　　　　　　　　（b）糕点

图 4-24　席点

6. 汤　菜

汤菜种类甚多，传统筵席中有首汤、二汤、中汤、座汤和饭汤之分。汤品的配置原则通常是：低档筵席仅配座汤；中档筵席加配二汤；高档筵席再加配中汤。总之，汤品越多，档次越高；汤品越精，越受欢迎。所以有"唱戏靠腔，做席靠汤""无汤不成席""宁喝好汤一口，不吃烂菜半盘"等说法。

7. 主　食

主食是指传统餐桌上的主要食物（如谷类、豆类和块茎类），它们是人类日常饮食所需碳水化合物特别是淀粉的主要来源。不同地域的人食用主食可能有所不同。

8. 饭　菜

饭菜又称"小菜"，它与前面的冷菜、热炒、大菜等下酒菜相对，专指饮酒后用以下饭的菜肴。筵席中合理配置饭菜有清口、解腻、醒酒、佐饭等功用。饭菜多由名特酱菜、泡菜、腌菜、风腊鱼肉以及部分炒菜组成，如乳黄瓜、小红方、玫瑰大头茶、榨菜炒肉丝、风鱼等，在座汤后入席。不过，有些丰盛的筵席，由于菜肴较多，宾客很少用饭，也常常取消饭菜；而简单的筵席因正菜较少，可配饭菜作为佐餐小食。

（二）筵席配菜基本要求

（1）质量上的配置。根据宴席档次高低配置与其相适应的烹饪原料品种。

（2）数量上的配置。如果每桌宴席按10人计算，每人所进食的主料、配料、点心总计以500克至600克为宜。

（3）色泽上的配置。充分显示各种烹饪原料的自然色泽，如红、黄、绿、白、青等。

（4）口味上的配置。使各种菜肴切实反映出其应有的口味标准，采用多种调味方法，使整桌宴席的菜肴口味更加丰富。

（5）口感上的配置。宴席菜肴就应根据烹饪原料的本身特性，通过烹调而达到嫩、软、脆、滑、爽、酥、焦等口感多样化的要求。

（6）形状上的配置。宴席菜肴形状要求片、丁、丝、条、球、块及各种花刀要精细，做到一菜一形。

（7）盛器上的配置。盛器的形状和色彩应以明显衬托菜肴的形、色为基础，力求盛器与菜肴的形状相符、色彩和谐。

（8）花式菜肴的配置。花式菜在宴席菜肴配置上应形象生动、色彩鲜艳、用料广泛。数量不宜过多或过少，否则会给人臃肿不堪或华而不实之感。

（9）风味菜肴的配置。风味菜肴的配置必须突出地方风味特色，烹饪原料的选择、口味的确定，以及盛器的选用等都应显示出地方特色。

（10）点心、甜菜、汤和水果的配置。宴席上点心要求咸甜搭配，一般上2~4道即可；甜菜要上1~2道，要求品种不一样；汤要上1~2道，一般在宴会后面或前面上桌，视宴会规格而定；水果应选时令水果，在宴席的最后上桌。

（三）筵席菜肴的组配方法

（1）合理分配菜点成本。选择菜点应使其与筵席规格相符，先明确菜点的取用范围、每一类菜品的数量、各个菜点的等级等。这些都与筵席档次（用售价或成本表示）密切相关，每道菜品的成本大体上定下来了，选什么菜就心中有数了。

（2）核心菜点的确立。核心菜点是每桌筵席的主角。没有它们，全席就不能纲举目张，枝干分明。哪些菜点是核心，各地看法不尽相同。

（3）辅佐菜品的配备。对于核心菜品而言，辅佐菜品主要是发挥烘云托月的作用。核心菜品一旦确立，辅佐菜品就要"兵随将走"，使全席形成一个完整的美食体系。

（4）筵席菜目的编排顺序。筵席菜目编排顺序决定了筵席的上菜程序。一般是先冷后热，先炒后烧，先咸后甜，先清淡后味浓。各类筵席由于菜肴的搭配不同，上菜的程序也不尽相同。传统筵席的上菜顺序是头道热菜为最名贵的菜；主菜之后依次上炒菜、大菜、饭菜、甜菜、汤、点心、水果。总之，设计菜点时多尽一份心，办宴时就会少花费许多气力。

宴席菜肴组配：冷菜为1主8围或8单碟；热菜为8～10只；汤菜1只；点心2道；主食1道；水果1道。

（四）影响筵席菜点组配的因素

菜点是筵席的重要组成部分，筵席菜点组配不仅是将各道菜点简单地集合，而是需要科学、合理的整体规划和每道菜肴的细致安排。传统的筵席菜肴组配往往局限于材料的供应和客人的消费层次，然而这种单一视角已无法满足现代筵席的多样化需求。在现代筵席的设计中，菜点的组配涉及多个方面的考量，包括筵席的售价成本、规格类别、宾主的口味偏好、独特的风味特色、办宴的具体目的以及时令季节等因素。这些元素共同影响着筵席菜点的最终设计。因此，设计者除了需要具备厨房生产管理知识、筵席服务知识、菜点规格标准、营养学和美学知识外，还需深入了解顾客的心理需求，以及不同地区、不同民族的饮食习俗。

1. 办宴者及赴宴宾客对菜点组配的影响

（1）宾客饮食习俗的影响。

（2）宾客的心理需求影响。

（3）筵席主题的影响。

（4）筵席价格的影响。

2. 筵席菜点的特点和要求对组配的影响

筵席菜点的设计，无论售价高低，都追求一套精致的组合原则。这包括菜点之间的搭配要协调统一，形成完整的体系；数量上需充足以满足宾客的用餐需求；同时，

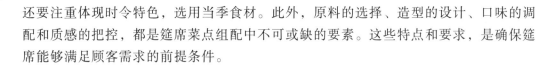

还要注重体现时令特色，选用当季食材。此外，原料的选择、造型的设计、口味的调配和质感的把控，都是筵席菜点组配中不可或缺的要素。这些特点和要求，是确保筵席能够满足顾客需求的前提条件。

3. 厨房生产因素对菜点组配的影响

组配好的筵席菜点要通过厨房部门的员工利用厨房设备进行生产加工，因此，厨师的技术水平和厨房的设备条件会影响筵席菜点的组配。

4. 筵席厅接待能力对菜点组配的影响

筵席厅接待能力的影响主要也包括两方面：筵席服务人员和服务设施。

总之，筵席菜点组配需要考虑的因素很多，归根结底只有两点：满足宾客需求和保证饭店赢利。二者应同时兼顾，平衡协调，忽视任何一个方面，都会影响顾客的利益或筵席的经营，筵席组配人员应该根据以上介绍的各种因素，再结合本筵席厅的特色进行菜点组配，以组配出具有自身特色的筵席菜点，增强筵席厅的吸引力和市场竞争能力。

六、菜肴的营养组配及其人员的要求

宴席组配是根据具体宴席的要求、菜肴原料及场地的情况，将一定菜点进行组合，使其具有一定的规格、质量的一整套菜点的编排过程。要使组配出来的菜肴符合所有进餐人员的要求，使整桌宴席符合营养、卫生的要求，达到一定的美学效果，是一般人员所无法完成的。因此，宴席菜肴的组配人员必须具有一定的营养学、卫生学、美学、民俗学以及烹饪工艺学等有关专业知识和技能。另外还要求在制定筵席菜单以前进行市场调查、分析研究，最后才能确定方案，付诸实施。

（一）筵席菜点营养组配的依据

筵席作为饮食文明的重要体现，其合理配膳正日益受到人们的重视。合理配膳的核心在于确保饮食种类的全面性和营养素的适当比例与数量，这些营养素包括蛋白质、脂肪、糖类、矿物质、维生素以及水。尽管我们已掌握各种原料的营养成分数据，但在当前大多数饭店中，通过具体数据来明确展示筵席菜点的营养成分含量仍是一个挑战。那么，面对这一挑战，我们需要注意以下方面：

（1）筵席食品原料应多样。

（2）筵席食物酸碱应平衡。

（3）筵席菜品的数量要适当，使营养不过剩。

（4）控制筵席食品的脂肪含量。

（5）筵席食品应清洁卫生、不变质。

（二）计算机在筵席菜肴组配中的应用

为了满足当今社会普及营养知识、推广平衡膳食的迫切需求，北京医院营养室与北京市海淀营养信息研究会决定从医院营养科室出发，利用计算机运算迅速、信息存储量大的优势，深入研究计算机在营养工作中的应用。经过不懈努力，他们积累了大量的营养数据，并与厨师紧密合作，分析了数百种菜肴的营养成分和制作方法，进而制订了营养食谱和标准化的操作方法。最终，他们成功研制出"医院营养管理信息系统"计算机软件，并获得了中华医学会主持的科学技术成果鉴定认可。专家指出，该系统不仅适用于医院营养科室，还广泛适用于机关食堂、饮食服务行业、部队、幼儿园及中小学生的营养餐需求。

该系统在筵席菜肴组配方面的应用尤为突出。它基于丰富的菜谱数据库，允许用户进行任意组合搭配，以形成完整的筵席菜谱。同时，计算机能够即时显示整个筵席的营养成分，包括与营养标准值的比较、偏差值、人均营养平均值、热量来源、钙磷比例、氮热比等关键数据。用户可以根据这些数据进行菜谱的调整，直至达到较为合理的营养配比。此外，该系统还支持打印输出包含上述数据的宴会菜谱营养成分表及下料单，为筵席的筹备提供了极大的便利。

（三）筵席菜点组配人员的要求

传统的筵席菜点设计工作不是由厨师长完成，就是由懂行的餐厅经理来安排，随着饭店的经营策略和顾客需求的不断变化，单个人很难组配出既满足客人需求，又保证饭店赢利的菜点，一套完美的筵席菜点往往由四个方面的人员共同组配设计完成，即厨师长、采购员、筵席预订员和顾客。厨师长熟知厨房的技术力量和设备条件，使设计出的菜点能保质保量生产加工，还能发挥专长体现饭店特色；采购员了解市场原料行情，能降低菜点的原材料成本，保证筵席利润；筵席预订员掌握预订客人的相关信息，能及时将客人的需求落实到菜点之中；顾客是上帝，让顾客参与设计菜点，更能使顾客称心满意。筵席菜点组配好之后，再通过筵席菜单予以陈列，并介绍给宾客。

1999年5月我国颁布的《国家职业分类大典》中，将营养配餐员作为一个新的职业（工种）纳入大典。大典规定，营养配餐员是根据用餐人员的不同特点和要求，运用营养知识,配制符合营养要求的餐饮产品的人员。营养配餐员的职业等级分为三个，即国家职业标准三级（高级工）必须能配制一餐、一日、一周的营养食谱；职业标准二级（技师）必须能编制一般筵席及常见病人群的食谱；职业标准一级（高级技师）必须能编制大型宴会、特殊人群（如运动员、飞行员、井下工作人员、病人等）的食谱。从事的工作包括：第一，根据用餐人员的不同需要和食物的营养成分编制食谱和菜谱；第二，配餐制作。

项目五　中式菜肴风味调配

任务一　菜肴风味调配

知识目标

1. 能描述味觉生理特征及呈味物质与其相互作用。
2. 能描述味的分类及特性。
3. 能描述调味的原理及方法。
4. 能描述增香、调香、调色和配色的方法。
5. 能描述厨房复合调味品及其盛装方法与要求。

能力目标

1. 能将各种调味品正确用于不同的菜肴上。
2. 能对菜肴进行恰当的调味、增香及调香。
3. 能对菜肴进行配色和调色。

素养目标

1. 具备产品质量控制意识。
2. 具有岗位意识，爱岗敬业精神。
3. 培养学生认真严谨的学习作风，增强团队协作能力及创新意识。

　　秦汉时期认定的烹饪技术三要素是断割、煎熬和齐（剂）和，这里的"齐和"，即是等于"五味调和"，《吕氏春秋·本味》说得最清楚，"调和之事，必以甘、酸、苦、辛、咸。先后多少，其齐（剂）甚微，皆有自起"。而最后达到的理想的风味效果应该是"久而不弊，熟而不烂，甘而不哝，酸而不酷，咸而不减，辛而不烈，澹（淡）而不薄，肥而不腻"。但"风味"这个名词的出现，开始时指人的风采、风度，推及社会的风气，直到南北朝时，才把食物的美味叫作"风味"，早期的诗文，如南梁刘峻的《送橘启》："南中橙甘，青鸟所食。始霜之旦，采之风味照座，劈之香雾喷人。"隋唐以后，风味概念逐渐推广，原本专指生理感觉的"五味"，逐渐与人文概念的风味相融合，把食物、食客和厨师三者的关系融于其中，这是中国饮食文化的一大特色。

一、风味调配工艺

风味调配就是指在烹调过程中，运用各类调料和各种手法，使菜肴的滋味、香气、色彩和质地等风味要素达到最佳效果的工艺过程。

（一）菜肴风味调配的作用

（1）风味调配是烹调工艺的重要内容。各种菜肴感官性状、风味特征的确定，虽然离不开烹制工艺，但要达到菜肴的质量要求，调配工艺也起着非常重要的作用。

（2）通过调配工艺可以使菜肴的风味特征，如色泽、香气、滋味、形态、质地等，得以确定或基本确定。

（3）风味调配工艺也是菜式创新的重要手段。调配形式和方法的变化，必然会导致菜肴的风味、形态等方面的改变，并使烹调方法与这种改变相适应。

（二）调味的基本原则

（1）按照菜肴风味及烹调方法的要求准确调味。
（2）根据烹饪原料的不同质地进行调味。
（3）根据不同的季节因时调味。
（4）按照进餐者口味的要求进行调味。

二、风味调配的原理

菜肴风味调配原理

（一）味 觉

味觉又称味感，是某些溶解于水或唾液的化学物质作用于舌面和口腔黏膜上的味蕾所引起的感觉。舌头不同部位的味觉分布如图 5-1 所示。

人的味觉敏感区域分布图

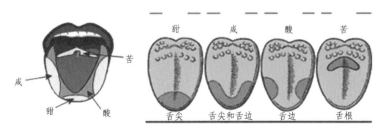

图 5-1 味觉分布图

1. 味觉的基本特征

（1）味觉的灵敏性。
（2）味觉的适应性。
（3）味觉的可融性。
（4）味觉的关联性。

2. 味觉的心理现象

1）味的对比

味的对比又称味的突出，是将两种以上不同味道的呈味物质，按悬殊比例混合使用调和在一起，导致量大的那种呈味物质味道更加突出的现象。例如，在15%的蔗糖溶液中加入0.177%的食盐，其结果是这种蔗糖与食盐组成的混合溶液所呈现出来的甜味感觉上比原来的蔗糖溶液更甜。

2）味的相乘

味的相乘是指两种具有相同味感的物质进入口腔时，其味觉强度超过两者单独使用时味觉强度之和的现象。鸡精与味精混合使用可使鲜度增大，而且更加鲜醇，可在需要提高原料中某一主味或需要为原料补味时使用，如图5-2所示。

图 5-2　鸡精与味精

3）味的转化

味的转化又称味的改变或味的变调，是将两种或两种以上味道不同的呈味物质以适当的比例调和在一起，导致各种呈味物质的本味均发生转变而生成另一种复合味道的现象。正所谓"五味调和百味香"。例如，当我们尝过食盐或苦味的奎宁后，立即饮用无味的冷开水，会觉得原本无味的水有甜味。

4）味的消杀

味的消杀又称味的掩盖或味的相抵，是将两种或两种以上不同的呈味物质按一定比例混合使用，使各种呈味物质的味均减弱的现象。使用多种调味品综合达到味道适宜，例如，若口味过咸或过酸，可适当加些糖，使咸味或酸味有所减轻，并食不出甜味；利用某些调味品中挥发性呈味物质（生姜中的姜酮、姜酚、姜醇，肉桂中的桂皮醛，葱、苏中的二硫化物，料酒中的乙醇和食醋中的乙酸等）掩盖本味中的异味（见图 5-3）；利用某些调味品中的化学元素进行消杀。

图 5-3　制作红烧鱼时加料酒

3. 味的分类及特性

1）咸味的性质

（1）咸味与甜味。少量食盐可增大砂糖的甜味，甜度越大越敏感，反过来砂糖可减少食盐的咸味，在 12% 的食盐溶液中，添加 7～10 倍的白砂糖，咸味可基本消失。

（2）咸味与酸味。在一般情形下，咸味菜品中添加 0.1% 左右的醋酸可使咸味增大；当醋酸的量超过 0.3% 以上时咸味减少。与之相对应，少量的食盐可以增大酸味；多量又会使酸味减弱。

（3）咸味与苦味。二者之间具有相互减小的作用，当食盐浓度超过 2% 时，则咸味一方增大。

（4）咸味与鲜味。味精可以使咸味减小，而适口量的食盐则可以使鲜味增大，因此有"无咸不鲜"之说。

咸味在运用时，一般以食盐含量以 1%～2% 较为合适。口味清淡的汤菜、炒青菜、烩菜食盐量以 0.8%～1.2% 为宜；口味浓厚的麻辣、家常、酸辣等菜品以 1.5%～2.0% 为宜。

2）甜味的性质

（1）甜味与酸味。甜味会因添加少量醋酸而减少，并且添加量越大，减小程度越大。反过来，甜味对酸味也有完全相似的影响。菜肴的酸甜味，以 0.1% 的醋酸和 5%～10% 的蔗糖组配较为适口。

（2）甜味与苦味。二者之间可相互减小，不过苦味对甜味的影响更大一些。

3）酸味的性质

（1）酸味与鲜味。有酸味存在时，鲜味有所减小，pH 值为 3.2 时最小。

（2）酸味与苦味。少量的苦味和涩味可使酸味增大。酸味与甜味和咸味相比，阈值较低（pH 值为 3.7～4.9），超过阈值后酸味会迅速增大。

（3）酸味的 pH 值与味感。当 pH 值在 3.0 以下时，酸味难以适口。酸味物质多呈挥发性，其酸味会随着温度的不断升高而增大。

4）鲜味的性质

鲜味为氨基酸盐、氨基酸酰胺、肽谷氨酸钠、核苷酸及其他一些有机酸盐的滋味。鲜味通常不能独立作为菜肴的滋味，而必须与咸味，或者再加上其他单一味，一起构成复合味型。不同的鲜味物质相互混合，具有明显的相乘作用。

5）其他味的性质

（1）辣味。辣味不是味觉，而是某些化学物质刺激舌面、口腔及鼻腔黏膜所产生的一种灼热感。有的辣味物质在常温下就具有挥发性，可同时刺激口及鼻腔黏膜而产生辣感，这种类型称之为辛辣；有的在常温下难以挥发，需要经过加热才可以挥发，一般仅刺激口腔黏膜而产生辣感，常称为热辣或火辣。辣味在烹调中有增香、解腻、去异味等作用，关键是要恰当地使用，以达到"辣而不烈，辣而不燥"的效果（见图 5-4）。

图 5-4　辣　味

（2）麻味。麻味在烹调中有抑制原料异味、解腻去腥、增香的独特功用，食用时有一种辛麻、醇香的感觉。其味是由花椒（见图 5-5）、藤椒、花椒粉、花椒油等体现出来，不能单独呈味。在烹调中主要用于复合味的调制，如椒盐味、怪味、麻辣味等。

花椒在全国各地均有出产，唯独四川花椒质量最佳。四川汉源花椒历史悠久，自唐代就已列为贡品，又名"贡椒"。汉源花椒具有色泽丹红、粒大油重、芳香浓郁、纯麻爽口的特点。

图 5-5 青花椒

（3）香味。香味可分为浓香、清香、奶香、茶香、酒香等多种。所有菜肴均含有香味。香味的调味品很多，各有特色，如香料中的八角、小茴香、桂皮、山柰、砂仁、豆蔻、丁香、桂花等；酱类中的芝麻酱、花生酱等；此外，还有料酒、醪糟汁、香油、香菜、薄荷、五香粉、孜然粉、花生、核桃、芝麻等（见图 5-6）。香味具有压异味、增进食欲的作用，同时各种香味调料本身多含有去腥解腻的化学成分。

图 5-6 各种香味调味品

（二）嗅　觉

嗅觉是挥发性物质刺激鼻腔嗅觉神经，并在中枢神经引起的感觉。嗅觉是一种比味感更敏感、更复杂的感觉现象。人体嗅觉及味觉神经分布如图 5-7 所示。

嗅觉的基本特性是敏锐，易疲劳、适应和习惯，个体差异大。阈值会随人体状况变动。

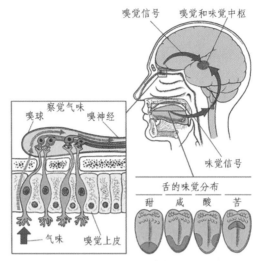

图 5-7　人体嗅觉及味觉神经分布

（三）味觉生理和呈味物质及其相互作用

近代生理学的研究结果表明：典型的味觉所感知的食品的各种味（味道、滋味、口味），都是由于食品中可溶性成分溶于唾液或食品的溶液刺激口腔内的味感受体，再经过神经纤维传达到大脑的味觉中枢，经过大脑的识别分析的结果。

图 5-8　咖啡杯测（以嗅觉提升味觉灵敏度）

（1）味觉与嗅觉的关联。通常我们感到的各种滋味都是味觉和嗅觉协同作用的结果。当食用者感冒时，鼻子不通气，便会降低对菜肴的味觉感度，如图 5-8 所示的咖啡杯测。

（2）味觉与触觉的关联。触觉是一种肤觉（口腔皮肤的感觉），如软硬、粗细、黏爽、老嫩、脆韧等。它对味觉的影响是显而易见的，一般通过与嗅觉的关联而与味觉发生关系，如焦香味浓、咸鲜味淡等。

（3）可融性，即数种不同的味可以相互融合而形成一种新味觉。经融合而成的味觉绝非几种其他味觉的简单叠加，而是有组织、有系统的集合，自成一体。因此，也称为味的统一性。味觉具有可融性，是菜肴各种符合滋味形成的基础。

（四）菜肴的风味调配

1. 菜肴的质地与口感

菜肴的质地是由菜肴的机械特性、几何学特性、触感特性组成的，与菜肴的温度、粒子大小、形状、各成分的含量特别是大分子物质的含量和种类等有关（见图 5-9）。

菜肴的质地是决定菜肴风味的主要因素，它以口中的触感判断为主，但是在广义上也应包括手指以及菜肴在消化道中的触感判断。

图 5-9　菜肴的质地

2. 菜肴的色泽与视觉

色、香、味、形是美食的四大要素。色是对菜肴品质评价的第一印象，它直接影响人们对菜肴品质优劣、新鲜与否的判断，因而是增加食欲，满足人们美食心理需要的重要条件（见图 5-10）。

图 5-10　菜肴的色泽

菜肴中的色素主要来源于原料本身固有的色素和添加色素。菜肴中固有的天然色素包含新鲜原料中能看到的有色成分和本来无色而经过化学反应能呈现颜色的物质。

3. 菜肴的形状

烹调中的形，通常指原料加工后的料块的形状和大小，以及菜肴形成后的造型，故可以视为烹调艺术属性的体现。适当的形状一方面有利于制熟、调味和进食的需要；另一方面可以满足人们饮食心理上的需要。

菜肴的形状主要可以分为三类：

（1）根据原料的自然形态制成的菜肴。

（2）经过刀工处理后制成的菜肴。

（3）对原料形状进行美化的艺术处理。

（五）常见调料在烹饪中的作用

1. 食　盐

食盐是指来源不同的海盐、井盐、矿盐、湖盐等，其主要成分是氯化钠。国家规定井盐和矿盐的氯化钠含量不得低于 95%。食盐中含有钡盐、氯化物、镁、铅、砷、锌、硫酸盐等杂质。

1）调鲜味

氨基酸和核苷酸与食盐的关系密切，氨基酸中的谷氨酸具有鲜味和酸味，只有将其适度中和成钠盐后，才能使酸味消失、鲜味突出，如图 5-11 所示的"清蒸多宝鱼"。

图 5-11　清蒸多宝鱼

2）去异味，提味

食盐具有去邪压正的作用，在烹调过程中可抵制原料自身的腥味之气，扶住原料中的呈鲜味物质，增加原料的香味。

纯糖醋混合液体加入适量的食盐后，盐和醋发生反应，会生成新酸和新盐，从而使糖醋汁的味道变得甜而不腻、融合可口。在 15% 的糖液中加入 0.1% 的食盐，则会使这种糖盐混合溶液比纯糖溶液更甜，味道醇厚（蜜汁类）。

3）保鲜作用

食盐浓度超过 1% 时，大多数微生物的生长活动会受到暂时的抑制。食盐的浓度超过 10% 时，大多数微生物将完全停止生长。

（1）当食盐溶液的浓度为 1% 时，可以产生 0.61 个大气压。在渗透压的作用下，微生物细胞中的原生质就会与细胞壁分离，导致生理性干燥失去生育能力。

（2）由于氧很难溶解于盐溶液中，微生物很难繁殖生长。

（3）食盐的钠离子和氯离子在肽键处结合，防止了微生物分泌的蛋白分解酶对蛋白质的作用，这样蛋白质就不容易被分解。

4）改善成品质地

食盐能改变面筋的物理性质，增加其吸收水分的性能，使其膨胀而不致断裂，起到调理和安定面筋的作用。食盐影响面筋的性质，主要是使其质地变密而增加弹力，这就使面包质地得到改善。

5）稳定面粉发酵

因为食盐有抑制酵母发酵的作用，所以可用来调整发酵的时间（见图 5-12）。完全没有加盐的面团发酵较快速，但发酵情形却极不稳定，尤其在天气炎热时，发酵时间更难以控制，容易发生发酵过度的情形，导致面团变酸。

（a）发酵面团　　　　　　　　　　　（b）松软的蛋糕

图 5-12　用食盐稳定面粉的发酵

6）色泽的改善

利用食盐调理适当的面筋，可使内部产生比较细密的组织；使光线能容易地通过较薄的组织壁膜，所以能使烘熟了的面包内部组织的色泽较为轻白。

2. 食 醋

1）提供营养成分

醋含有人体需要的 18 种游离氨基酸，其中包括人体自身不能合成，必须由食物提供的 8 种氨基酸：异亮氨酸、亮氨酸、赖氨酸、苏氨酸、蛋氨酸、苯丙氨酸、色氨酸和缬氨酸。醋中的无机盐也非常丰富，有锌、钠、锡、铁、铜、磷等（见图 5-13）。

图 5-13 食 醋

2）保护菜肴的维生素

有些维生素性质不稳定，在很多环境条件下容易破坏损失，而烹调中适当用醋可以形成一个酸性环境，使维生素最大限度地保存下来，尤其是维生素 C，如图 5-14 所示的"糖醋黄瓜"。

图 5-14 糖醋黄瓜

3）软 化

醋可以使牛肉纤维软化，从而使肉质显得柔嫩，味道也更加可口鲜美。同样，对于那些韧、硬的肉类，食醋也是一种较好的软化剂。如图 5-15 所示的"五香熏鱼块"，加入醋后，鱼块的肉质会更加柔嫩。

图 5-15　五香熏鱼块

4）抑菌杀菌

醋具有良好的抑菌作用。当醋酸浓度达 0.2%时，便能达到阻止微生物生长繁殖的效果；醋酸浓度达 0.4%时，能对各种细菌和霉菌起到良好的抑制作用；当浓度达 0.6%时，能对各种霉菌以及酵母菌发挥优良的抑菌防腐作用。

3．食　糖

1）给菜肴赋色

糖在加热到 160～180 ℃ 时能产生焦糖化反应，用专门熬制的糖色烹制菜肴，能使菜肴的色泽红润发亮。浓稠的糖浆能在菜肴表面形成一层膜，填平菜肴表面细小的凹凸处，自然菜肴表面看去发亮有光泽，如图 5-16 所示的"甜皮鸭"的色泽。

图 5-16　甜皮鸭

2）提供香味

糖在烹调中能散发出特殊的焦甜香味。添加糖可以调和味道浓烈的香辛料，使其减弱对嗅觉的刺激。

3）菜肴的味道

糖能够表现出甜味；还有调和诸味的作用。在调制各种复合味型时，一般都要用糖来调和诸味。糖还有提鲜、解腻、抑制苦涩味和缓解辣味的作用，如图 5-17 所示的"豆瓣鲜鱼"。

图 5-17　豆瓣鲜鱼

4）菜肴的造型

糖在菜肴造型中可作为黏合剂使用。比如，把核桃炸脆后，用熬好的糖浆黏堆成假山形状（见图 5-18）；还可以利用糖浆拔出细丝的特性来装饰菜肴。

图 5-18　琥珀桃仁

4．酱　油

1）调色作用

酱油多数呈酱红色（见图 5-19），在烹调的菜肴中加入酱油可以改善原料的色泽，给人一种悦目、美观的感受，这就是酱油的调色作用。

图 5-19 古法酿酱油

2）调味作用

酱油中含有多种氨基酸、糖类等营养成分，在烹调的菜肴中加入酱油，特别是一些高档次的酱油（如生抽王、老抽王、金狮酱油、虾籽酱油、特鲜酱油以及调味王等），可以使菜肴更加美味，这就是酱油的调味作用。

3）复合作用

（1）深色酱油在烹调中主要用于增加色彩，常用于红烧菜，酱、卤等菜肴的着色。

（2）酱油的咸味能起到定成味、增鲜味的作用。

（3）酱油中所含的糖类与不同食材中的蛋白质氨基酸发生分解作用，生成各种挥发性香味物质，气味成分与氨基酸种类有关。

（4）酱油中还含有少量的有机酸，如醋酸、琥珀酸、醇等成分，在烹调加热过程中可与原料中所含的腥味物质发生作用。

5. 酒

1）去腥解腻

酒中的乙醇具有挥发性，又是一种很好的有机溶剂（见图 5-20），能溶解动物原料中的醛、酮、硫醇、硫醚、三甲胺及氧化三甲胺等腥臭异味物质，特别是腥臭味较浓的氰基戊酸。这些异味物质随着加热和酒精的挥发而挥发，从而达到去腥解臭的目的，使菜肴味美醇厚。

图 5-20 白酒

2）增加菜肴香味

酒本身具有较浓的香气，由 200 多种化合物组成。原料中的呈香物质与各种香料物质的香味成分被酒精所溶解，并随之挥发。所图 5-21 所示，可以炼制红油时加入少量白酒。

图 5-21　炼制红油时加白酒

3）形成特殊风味

酒醉风味菜肴就是其中一例。醉菜酒肴很多，如醉鸡醉蟹、醉虾（见图 5-22）等，就是以优质白酒为佐料。酒能与各种调味品结合，形成风味物质（如香气），使菜肴风味更加独特。

图 5-22　醉虾

4）渗透和防腐作用

烹调中放入一些酒，可使原料中的各种呈味物质及各种佐料均溶解于酒精中并与酒精一起渗透到原料中去,与菜肴的滋味融合在一起。酒还具有一定的防腐杀菌作用,尤其是高浓度的白酒消毒杀菌效果更好。

6. 水

1)作溶剂

大多数无机物和部分低级的有机物易溶于水,烹饪加工中常用水洗涤原料表面的污秽杂物和原料内部的血色异味物。水能溶解许多物质,所以也具有综合风味的作用。水也可以作为介质或反应物参与反应。例如,采取蒸、煮、炖、溜、煨、焖等方法进行烹饪时都需要水。

2)作浸胀剂

水分子较小,且具有较强的极性,能浸润到食品组织或颗粒中,使原料发生溶胀,易于原料加工、造型、烹制入味。例如,烹调粉条、粉丝、干银耳木耳、香菇等食材前,都需要用水涨发原料。

3)作传热剂

水是液体,沸点高、热容量大、导热能力较强,是烹饪过程中最理想的传热剂,对于食品和菜肴的杀菌、消毒、成熟、增加香味,以及对食物的咀嚼、消化、吸收方面,都有决定性的作用。例如,加工排骨前一般会有一个"焯水"的步骤(见图5-23)。

图 5-23　排骨焯水

4)构成菜肴的组成成分

每一款菜肴,其成品中都有水。烧、烩等菜肴中,较多的水构成了菜肴的成品;汤、羹类菜肴,其成品中主要成分还是水(见图5-24)。水不仅是菜肴的组成成分,而且在菜肴的制作过程中,用水量的多少也会影响菜肴的质量。

图 5-24　开水白菜

5）对原料品质的作用

食品的质感指人的眼睛、口腔、触觉器官对食品产生的综合感觉，包括软、硬、老、嫩、粗、细、滞、滑、爽、腻、松、实、稀、稠等感觉。同一食品，含水量的细微变化也会导致其质感的差别。

7. 油　脂

1）增色护色

成菜色泽洁白，必须选用颜色较浅的油脂。成菜色泽红亮的炒菜、红烧类菜肴，可选用颜色较深的油脂。要求汤色浓白，就要选择乳化作用较强的猪油或豆油。清汤菜一般不用油。而制作红汤菜肴时，为了达到油封汤面、色泽红亮的效果，需要选择菜籽油、花生油、牛油等。

2）增　香

油脂在烹调中的增香作用主要表现在两个方面：一是油脂本身具有香味，或用作芳香物质溶剂；二是通过油脂的高温加热使原料产生香气，如图 5-25 所示的"干炸小黄鱼"。

图 5-25　干炸小黄鱼

3）乳化和起酥

在制作奶汤类菜肴时，会选择一些含天然乳化剂较高的油脂来制汤，如图 5-26 所示的"奶汤鲫鱼"。常用的如猪油，其中含有大量的卵磷脂；冷压后的大豆油，含有大量的大豆磷脂。

调制酥炸菜肴的酥糊时要加入一定量的油脂，加入的油脂量少，糊炸好后硬而不酥；加入的油脂太多，则糊太酥松而易碎。

图 5-26　奶汤鲫鱼

4）成　　形

油脂在菜点制作中还有辅助菜点成形的作用，这是利用了部分油脂可塑性强的特点。常用油脂中只有猪油和奶油的可塑性较好，如图 5-27 所示的"炸豆腐"。

图 5-27　炸豆腐

5）作为传热介质

食用油脂的燃点高，一般都在 300 ℃ 以上，而且油脂的热容量小，同样的火力加热，油温比水温的升高快一倍，停止加热后，温度下降也更快，这些特点都便于灵活地控制和调节温度，使原料受热均匀，以制作出各种质感的菜肴。

6）增加菜点营养

油脂中的必需脂肪酸——亚油酸（见图 5-28）含量是衡量油脂营养价值的一个重要指标。相对来说，植物油脂里面的亚油酸含量比较高，因此食植物油更有利于人体健康，尤其是大豆油、芝麻油和花生油。

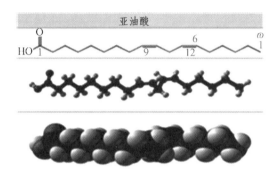

图 5-28　油脂中的亚油酸

三、调　味

调味工艺

（一）调味的概念

调味是指运用各种调味原料和有效的调味手段，使调味原料之间，以及调味原料与主辅原料之间相互作用，形成菜肴独特滋味的操作技术。

（二）调味的原理

1. 渗　透

盐是一种强电解质，当与食物表面的水分接触后，形成高浓度的盐溶液，在食物细胞的内外形成一个浓度梯度，低浓度的溶液要向高浓度溶液渗透。浓盐溶液有很大的渗透压，盐水同样通过渗透作用进入蔬菜内部，使食物具有了咸味。图 5-29 所示的"串串"就是渗透作用的应用案例。

图 5-29　汤底的味道渗入串串中

2. 溶 解

溶解是指固体或液体物质的分子，均匀地分布在水、油当中。例如，味精、盐或糖溶解在汤水中，使汤水呈鲜味、咸味或甜味；辣椒含有辣味成分，它的辣味成分溶解在红油中则显辣味。溶解效果与浓度差、扩散系数、扩散面积与扩散时间存在关系。图 5-30 所示的卤味制作就是溶解作用的应用案例。

图 5-30　制卤中香料味道的溶解

3. 合 成

在各种调味品中都有呈味物质，各种烹饪原料同样也是由化学物质组成。当原料与调味品混合后，在烹调加热的作用下，分子之间会发生一系列复杂的化学反应，生成一些新的物质，产生新的滋味。图 5-31 所示的鱼香味调制就是合成作用的应用案例。

图 5-31　鱼香味

4. 黏 附

将调料拌和或者黏附在食物的表面，可以使食物呈现不同的味道。黏附作用一般用于质地紧密不易入味的原料；由于造型的需要和成菜质感的特殊要求，不宜长时间加热的菜肴；短时间快速成菜而味感达不到滋味浓厚要求的一类菜肴。图 5-32 所示的"蒜泥烤茄子"就是黏附作用的应用案例。黏附效果与风味物质的浓度、扩散与对流传质的速度、原料的形状结构与成分、黏附的时间、环境的温度等有关。

图 5-32　蒜泥烤茄子

5. 分　解

一种化合物由于化学反应而生成两种或多种较简单的化合物或单质，称为分解。加热能促进这种分解。利用分解作用调味包括加热分解调味法、调味品分解食物调味法和调味品自身分解调味法。图 5-33 所示"白果炖鸡"、图 5-34 所示的砂锅加热就是分解作用的应用案例。

图 5-33　白果炖鸡

图 5-34　砂锅加热

（三）调味的作用

调味的作用包括：确定菜肴的滋味；改变或增强滋味；协调和减少异味；使菜肴色彩丰富；使菜肴品种多样化；体现菜系与形成风味。

（四）调味的方法

以调味品与原料的结合形式为主的调味方法有跟碟调味法、包裹调味法、黏撒调味法、热渗调味法、腌浸调味法、分散调味法、烟熏调味法、浇汁调味法等，部分调味法的具体操作如表 5-1 所示。

表 5-1　调味方法

调味的方法	具体操作
跟碟调味法	将调料装置在小碟或小碗中，随成品菜肴一起上席，供用餐者蘸而食之的调味方法
包裹黏撒调味法	将液体（或固体）状态的调料黏附于烹饪原料表面，使之带有滋味的调味方法
热渗调味法	在热力的作用下，使调料中的呈味物质渗入菜肴的主、配料内的调味方法
腌浸调味法	将调料与菜肴的主、配料调和均匀，或将菜肴的主、配料浸泡在溶有调料的溶液中，经过一段时间的腌浸使菜肴主、配料入味的调味方法
分散调味法	将调料溶解并分散于汤汁中的调味方法。例如，制作丸子类菜肴和调制肉馅时，一般都采取这一调味方法

1. 跟碟调味法

跟碟调味法也称为补充性调味法，其操作是将调料装置在小碟或小碗中（见图 5-35），随成品菜肴一起上席，供用餐者蘸而食之。这种调味方法主要用于弥补菜肴口味不足，原料在加热前已具备一定的基本口味。

图 5-35　辣椒蘸酱

2. 包裹调味法

包裹调味法是指将液态或固态调味料黏附于原料表面，使原料入味的调味方法。根据调味料品种和操作方法的不同，可分为液体包裹法和固体溶化包裹法。液体包裹法一般是将调味品提前兑好。固体溶化包裹法主要是指糖粘、拔丝两种调味方法。图5-36 所示的"拔丝奶皮"就是包裹调味法的应用案例。

图 5-36　拔丝奶皮

3. 黏撒调味法

将固体粉状调料黏附于主辅料的表面，使菜品具有某种滋味的调味方法称为黏撒调味法。根据受热的前后次序又可以分为生料黏撒法、熟料黏撒法。生料黏撒法采用盐、酱油、料酒、淀粉、鸡蛋等调料。熟料黏撒法就是将加热制熟后的半成品表面撒上盐、味精、熟孜然粉、椒盐，或者抹上沙拉酱、番茄酱等。图5-37所示的撒糖粉就是黏撒调味法的应用案例。

图 5-37　撒糖粉

4. 烟熏调味法

烟熏调味法是指将调料与其他辅助原料加热，利用产生的烟味使原料上色并入味的调味方法。熏所用的燃料都是带有芳香味的，如花茶、大米、黄豆、花生壳、红糖、锯末、松柏枝等。一般熏制前需进行码味处理，同时保持表皮的干燥。如图5-38所示，在熏制腊肉时，会在燃料里加入松柏枝等。

图 5-38　熏制腊肉

5. 浇汁调味法

将调味料在锅内调配以后，淋在已制熟的半成品原料上面，使菜品具有味感的调味方法称为浇汁调味法。该调味法主要适用于炸留、软熘类菜肴，或者部分体积较大、菜品质地有特殊要求的菜肴。图5-39所示的"酱香肥牛盖饭"就是浇汁调味法的应用案例。

图 5-39　酱香肥牛盖饭

（五）调味的三个阶段

1. 加热前调味

加热前调味又称基本调味，是指在原料正式加热前，用各种调味品通过腌渍、浸渍等方法对其进行调味。

操作方法：将原料用调味品（如盐、酱油、料酒、糖等）调拌均匀，浸渍一下，或者再加上鸡蛋、淀粉上浆，使原料初步入味，然后再进行加热烹调。

2. 加热中调味

加热中调味又称定型调味，也叫正式调味，是指在加热过程中，根据原料的性质及菜肴的要求按一定的时机、顺序，采用热渗透、热分散等调味方法，将调味品加入锅等加热容器中，对原料进行调味。

操作注意事项：由于原料加热中的调味是定型调味，是基本调味的继续，对菜肴成品的味型起着决定性的作用，因此这一阶段的调味应注意调味的时机和顺序，把握好调味品的投放数量。

3. 加热后调味

加热后调味又称补充调味、辅助调味，是指原料加热结束后，根据菜肴的需求，在菜肴出锅（起锅）后，采用裹浇、跟味碟等方法对其进行的补充调味。

操作注意事项：

（1）炸菜往往撒以椒盐或辣酱油等。

（2）涮品（涮羊肉等）还要蘸上很多调味小料。

（3）有的蒸菜要在上桌前另浇调汁。

（4）烤鸭需蘸上甜面酱。

（5）炝、拌的凉菜需浇以兑好的三合油、姜醋汁、芥末糊等。

（六）调味的规律

（1）调味必须下料准确而且适时。

（2）因地域、风俗习惯的不同，调味方法也各有特色。

（3）选用优质的调味品。

（4）根据季节的变化调味。

（5）应用新的调味品。

（七）调味时应注意的问题

（1）熟知调味品的"味度"，做到心中有数。

（2）注重出味、入味、矫味。

（3）在宴席中，菜肴口味搭配要多样化。

（4）厨师要有正常的辨味能力。

（八）味型的种类及调制方法

味型的种类分为凉菜复合型味和热菜复合型味。

1．凉菜复合型味

凉菜复合型味有麻辣味型、鱼香味型、红油味型、怪味味型、姜汁味型、蒜泥味型、酸辣味型、椒麻味型、糖醋味型、麻酱味型、咸鲜味型、芥末味型等。下面介绍咸鲜味型及芥末味型。

1）凉菜复合型味——咸鲜味型

（1）特点：本味清淡，浓郁鲜香，四季适宜。

（2）调味原料：精盐、味精、鲜汤、香油。

（3）调味方法：多种调味原料配合。酱油定味提鲜，味精提鲜，用量均应满足菜肴的需要。首先使菜肴咸鲜有味，在此基础上重用香油，突出香油之香味。将精盐、味精、鲜汤、香油充分调匀拌入菜肴或淋入菜肴即可。

（4）运用：咸鲜味清淡适口、香味浓厚，适宜拌鲜味较好的原料，如鸡、肉等。

（5）代表菜品：白油金针菇（见图5-40）、白油肚丝、白油笋丁等。

图 5-40 白油金针菇

2）凉菜复合型味——芥末味型

（1）特点：咸、酸、鲜、香、冲，清爽解腻。

（2）调味原料：精盐、酱油、芥末糊（芥末膏）、味精、醋、香油。

（3）调味方法：多种调味原料配合。精盐定味，酱油辅助精盐定味提鲜，用量以组成菜肴的咸度适宜为好。在此基础上，醋提鲜除异解腻，用量以菜肴在食用时进口酸味适宜为度。调味中重用芥末糊（芥末膏），以冲味突出为量。

（4）代表菜品：三文鱼刺身、芥末鸭掌（见图5-41）等。

图 5-41　芥末鸭掌

2. 热菜复合型味

热菜复合型味有咸鲜味型、家常味型（豆瓣家常味）、麻辣味型、鱼香味型、糖醋味型、荔枝味型、酸辣味型、香甜味型。

1）热菜复合味型——咸鲜味型

（1）盐水咸鲜。盐水咸鲜具有咸香宜人、清香可口的特点，其主要调料有精盐、味精、香油、料酒、葱、姜、胡椒面、花椒等。图5-42所示的"盐水鹅"就是盐水咸鲜的案例。

图 5-42　盐水鹅

（2）五香咸鲜味。五香咸鲜味俗称五香味型，是以五香粉（八角、桂皮、花椒、小茴香、草果等）或多种香辛料（除上述 5 种外还有山柰、丁香、甘草、砂仁、老蔻、良姜、胡椒、荜茇、莳萝、芫荽、香叶等），配以咸味及鲜味调味品构成。其风味特点是浓香咸鲜。

2）热菜复合味型——家常味型

（1）特点：色泽红亮，咸鲜微辣，醇厚鲜美。

（2）调味原料：郫县豆瓣、精盐、酱油、料酒、（醋）、（蒜苗）、色拉油。

（3）调味方法：配合中，精盐增香渗透味，使菜肴原料在开始烹调前，有一定的基础味，用量宜小。泡红辣椒去腥腻、提色、增香。酱油和味提鲜增色，用量宜小。郫县豆瓣定味并具香辣味，地位很重要，在咸度允许的幅度内，用量上尽量提高味道的咸辣、浓厚、醇香，突出家常味的风味。

（4）代表菜品：豆瓣鲜鱼、豆瓣肘子（见图 5-43）等。

图 5-43　豆瓣肘子

3）热菜复合味型——麻辣味型

（1）特点：色泽红亮，麻辣味浓，咸鲜醇香。

（2）调味原料：精盐、辣椒（辣椒面）、郫县豆瓣、花椒（花椒面）、酱油、（豆豉）、料酒、味精、鲜汤、水淀粉、色拉油。

（3）调味方法：多种调味原料配合。精盐定味，决定菜肴的基础咸味；酱油和味提鲜增香，豆豉增加菜肴的香鲜，二者的咸味辅助精盐定味。精盐、酱油、豆豉三者组成的咸味要满足菜肴的需要，咸度以辣椒（辣椒面）、花椒（花椒面）不至于产生"空辣空麻"，而是麻辣有味为度。

（4）代表菜品：麻婆豆腐、水煮鱼等。

4）热菜复合味型——鱼香味型

（1）特点：色泽红亮，咸鲜香辣，鱼香味浓，姜葱蒜味突出。

（2）调味原料：精盐、味精、白糖、醋、酱油、料酒、泡红辣椒末、姜米、蒜米、葱花、鲜汤、水淀粉、色拉油。

（3）调味方法：多种调味原料配合。精盐与原料码味上浆时入味，使原料有一定的咸味基础，酱油和味提鲜，与精盐配合定味。二者组成的咸味应恰当；泡红辣椒使菜肴带鲜辣味，突出鱼香味，用量宜大；姜葱蒜增香压异味，用量宜大。成菜后，以香味突出为准。

（4）代表菜品：鱼香里脊、鱼香肉丝、鱼香茄饼（见图 5-44）等。

图 5-44　鱼香茄饼

5）糖醋味型

（1）特点：色泽棕讷，甜酸味浓，鲜香可口。

（2）调味原料：精盐、酱油、料酒、味精、白糖、醋、葱花、姜米、蒜米、水淀粉、鲜汤、色拉油。

（3）调味方法：多种调味原料配合。精盐定味，酱油提鲜增色，辅助精盐定味，用量以二者所组成的咸味恰当为准。在此基础上重用白糖和醋，用量以菜肴的甜酸味突出为量。葱花、姜米、蒜米、料酒为菜肴增香提鲜除异味，料酒还有渗透味的作用。

（4）代表菜品：糖醋鲜鱼、松鼠鱼、糖醋排骨（见图 5-45）等。

图 5-45　糖醋排骨

四、增香和调香

菜肴调香
增香工艺

（一）调香基本知识

调香工艺也称调香技术，是指运用各种呈香调料和调制手段，在调制过程中使菜肴获得令人愉快的香气的工艺过程。

嗅感是指挥发性物质刺激鼻腔嗅觉神经而在中枢神经中引起的一种感觉。

（二）食品中香气形成的途径

（1）生物合成。
（2）酶直接作用。
（3）酶间接作用（氧化作用）。
（4）高温分解作用。
（5）发酵作用。
（6）调香作用。

（三）香的种类

（1）原料的天然香气：辛香、清香、乳香、腥膻异香。
（2）原料在烹调加工中产生的香气：酱香、酸香、酒香、烟熏香、腌腊香、加热香。

天然香料的香气类型如表 5-2 所示。

表 5-2　天然香料的香气类型

香　　型	实　　例
玫瑰香型	玫瑰、香叶、香茅
茉莉香型	茉莉、铃兰、依兰
橙花香型	橙花、金合欢、山梅花
晚香玉香型	晚香玉、百合、水仙、黄水仙、洋水仙、风信子
紫罗兰香型	紫罗兰、鸢尾根、木橡草
树脂膏香型	香兰、香脂类、安息香、苏合香、香豆、洋茉莉
辛香型	玉桂、桂皮、肉豆蔻、肉豆蔻衣、众香子
丁香香型	丁香、丁香石竹、康乃馨
樟脑香型	樟脑、广藿香、迷迭香
檀香香型	檀香、岩兰草、柏木、雪松木

续表

香　型	实　例
柠檬香型	柠檬、香柠檬、白柠檬、甜橙
薰衣草香型	薰衣草、穗薰衣草、百里香、花薄荷、甘牛至
薄荷香型	薄荷、绿薄荷、会香、园丹参、鼠尾草
芳香香型	大茴香、葛缕子、莳萝、胡荽（见图 5-46）、小茴香
杏仁香型	杏仁、月桂（见图 5-47）
麝香香型	麝香、灵猫香
龙涎香型	龙涎香、橡苔
果香型	生梨、苹果、菠萝

图 5-46　胡荽（又称香菜）　　　　图 5-47　月桂

（四）调香方法

1. 抑臭调香法

（1）原料有异味，用调料腌渍后再焯水、滑油、过油等加热处理，可以去除异味，并具有增香、入味和助色的作用。

（2）直接用呈香调味料进行烹饪，去除异味，增加香味。

（3）在菜肴烹制成功以后，再加入带有浓香气味的调料。这种做法适合于原料只有轻微异味的菜肴，作为补充调香、构成菜肴风味的手段。

2. 加热调香法

（1）炝锅出香，用葱、姜、蒜等原料炝锅，以使其香味挥发出来，和原料或菜肴相结合，增进菜肴的香味。

（2）加热入香。一是运用热力将原料中的某些物质分解，产生具有呈香作用的挥发性物质，从而是菜肴产生香气；二是使用一些增香调味品，利用热力作用，使增香调味品的分子颗粒渗透到原料内部，从而使菜肴具有香味。

3. 封闭调香法

（1）容器密封（如气锅鸡、瓦罐鸡、竹筒饭等）。

（2）泥土密封（如叫花鸡等）。

（3）纸包密封（如纸包鸡等）。

（4）面层密封（如挂糊、上浆和拍粉烹饪等）。

（5）原料密封（如怀胎鲫鱼、八宝鸡、烤鸭等）。

4. 烟熏调香法

烟熏调香法包括：生熏、熟熏、冷熏、热熏。

（五）调香工艺的阶段和层次

1. 调香工艺的阶段

原料加热前调香：般运用腌渍和生熏的方法，具有清除异味、给原料增加香气的作用。

原料加热中的调香：加热过程中用调香物质补充增香。

原料加热后的调香：在菜肴成熟后投入具有呈香作用的调味品，补充正式烹调调香的不足。

2. 调香工艺的层次

先入之香：是指菜肴一上桌就能够闻到的香。

入口之香：是指菜肴入口后，还未咀嚼之前所能感受的香气。

咀嚼之香：是指在咀嚼过程中能感受的香气。

（六）调香工艺的基本原理

1. 调料调香的原理

（1）挥发增香。

（2）吸附带香。

（3）扩散入香。

（4）酯化生香。

（5）中和除腥。

（6）掩盖异味。

2. 热变生香的原理

热变生香的原理主要涉及到食品化学中的两种重要反应：梅拉德反应（Maillard Reaction）和焦糖化反应（Caramelization）。

（1）梅拉德反应：是一种非酶促反应，通常发生在食物烹饪过程中，特别是当食物表面的温度达到 140 ℃至 160 ℃之间时。这个反应涉及糖和氨基酸之间的相互作用，产生多种化合物，这些化合物赋予食物特有的色泽和风味。例如，在煎牛排时，表面的褐色和香味很多都是由梅拉德反应产生的。

（2）焦糖化反应：是一种糖类在高温下的热解反应，通常发生在加热至其熔点以上时，产生棕色的焦糖物质和特有的香气。这个反应的温度通常比梅拉德反应要高，大约在 180 ℃左右。焦糖化不仅可以增加食物的色泽，还能带来甜中带苦的复杂味道，如在制作糖醋排骨时炒糖色就是焦糖化反应的一个应用。

这两种反应都是烹饪中形成香气的重要途径，它们共同作用使得食物在加热过程中产生丰富的风味和香气。在食品加工中，通过控制加热条件，可以优化这两种反应，以达到期望的风味效果。

（七）调配菜肴香味的原则

1. 遵循食品安全原则

烹饪调香要以《中华人民共和国食品安全法》为纲要，严禁使用未经允许的食品调香剂。尽量采用无毒无害的天然调香剂，对各类人工合成调香剂，要严格控制使用剂量，确保对人体无害。

2. 遵循营养卫生原则

菜肴的香味调配还要符合营养需求；菜肴所用原料之间的香味调和。通过烹调会发生一系列物理、化学反应，营养成分将发生变化。一些餐饮企业的从业人员为了使菜肴的香味浓郁，过量使用食品增香剂，这是不符合烹饪菜品的营养卫生原则的。这样不但不能烹饪出可口美味的佳肴，更会给人体健康带来极大的潜在威胁。

3. 突出原料本香原则

烹饪中调香的目的是使菜肴具有美好的滋味享受。无论是日常烹饪调味料，还是添加食品增香剂，都是赋予菜肴美好的香味。除烹饪菜肴原料味淡或有异味的动物性原料需使用重味型调味调香料达到调之盖之的目的，烹饪菜肴应突出其本身原有的特色风味。

（八）调香技艺

1. 香料增香工艺

香料，特指那些经过干燥处理的植物器官，如干叶、干种之类，但有时也会将新鲜的材料直接作为调料使用。现在，传统的香料和香草在实际应用中已经没有区别。

香辛调料品种繁多，其形态、气味、使用方法及使用范围均有不同（见图 5-48）。

图 5-48　增香香料

香料的特征如下：

（1）具有典型的滋味和香气，或者说特征气味。

（2）绝大多数香辛料都含有挥发性物质，其中呈味物质为主要组成成分。

（3）大多数香辛料都有一定的药理作用，在中医上均有使用。

2. 植物性原料增香工艺

某些原料在加热的过程中，虽然有些香气味道产生，但是不够"冲"（即香气不够浓郁）；或根据菜肴的要求，香气味道还略有欠缺，此时，则可以加入一些适当的原料或调味料补缀。

烹制菜肴出锅之前，往往要滴点香油，加些香菜（见图 5-49）、葱花、姜末、胡椒粉等；或者是在菜肴装盘后，撒椒盐、油烹姜丝等，这就是运用了这些具有挥发性香味原料或调味品，通过瞬时加热，使其香味基质迅速挥发、溢出，以达到既调"香"又调"味"的目的。

图 5-49　植物香料

3. 动物性原料增香工艺

有些原料本身虽有些香味基质，但是含量不足或者单一，则将原料与其他的原料或调料合起来一同烹煮。

动物性原料中的肉鲜味挥发基质肌苷酸、谷氨酸等与植物性原料中的鲜味主体谷氨酸、一磷酸腺苷、乌苷酸等，在加热时会一起迅速分解，在挥发中产生凝集，形成香味（见图 5-50）。

图 5-50　动物性原料增香菜肴

菜肴调色工艺

五、调色和配色

调色工艺就是运用各种有色调料和调配手段，调配菜肴色彩，增加菜肴色泽，使菜肴色泽美观的过程（见图 5-51）。

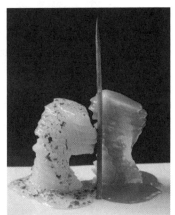

图 5-51　调色工艺图

（一）颜色的分类

菜点的色泽对人的心理也有很大的影响，色泽不美往往会使人食欲减弱，降低食用效果。

实验认为，红色最能促进食欲，橙色次之，黄色稍低；紫色对食欲效果较差，绿色有所回升。

（二）菜肴色泽的来源

1. 原料的自然色泽

烹饪原料自身固有的颜色是没有经过任何加工处理的自身色彩，尤其是蔬菜的颜色和水果的颜色相对较多。蔬菜中的色素和呈色前体物质主要存在于叶绿体和其他有色体等蔬菜的细胞质包含物中，同时较少地溶解在脂肪液滴以及原生质和液泡内的水中。在植物性原料中，呈色物质有叶绿素、类胡萝卜素、黄酮色素、花色苷类色素、酯类化合物和其他类色素以及单宁等。

2. 加热形成的色泽

菜肴原料在加热过程中，自身含有的营养物质、呈色部分等都会在加热的条件下发生化学变化，改变其原有的组织状态和色泽。如菠菜、青菜等绿色蔬菜类原料经过焯水或加热处理，颜色可以变得更翠绿或变暗，这是因为叶绿素在瞬间的加热过程中，水解成比较稳定的、呈鲜绿色的叶绿酸盐，使绿色更绿且其在弱碱冷却条件下更为稳定（见图 5-52）。

图 5-52　加热形成的颜色

3. 调料调配的色泽

在烹饪过程中使用某些调料，通过加热产生一定的化学变化才能产生相应的颜色。例如，著名的北京烤鸭、烤乳猪、甜皮鸭（见图 5-53）等菜肴中使用的酱油、饴糖、蜂蜜、麦芽糖、黄酒等，其用量及比例直接关系到菜肴的色感和成品质量。

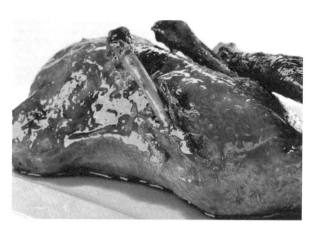

图 5-53　甜皮鸭

4. 色素染成的色泽

烹饪中较为常用的着色剂主要包括天然色素和人工合成色素。其中天然色素分为：植物色素，如叶绿素、类胡萝卜素、花青素等；动物色素，如血红素、卵黄和虾壳中的类胡萝卜素；微生物色素，如红曲色素（见图 5-54）。在烹饪中允许使用的人工合成色素主要包括：苋菜红、胭脂红、日落黄、柠檬黄、靛蓝等。人工合成色素具有色泽鲜艳、化学性质稳定、着色力强的特点，但这类色素对人体有害，因此需要严格控制使用量。

图 5-54　红曲色素

（三）调色工艺的方法和原理

1. 焦糖着色

工艺美拉德反应是指单糖或还原糖的羰基能与氨基酸、蛋白质、胺等含胺基的化合物进行缩合反应，产生具有特殊气味的棕褐色缩合物。蔗糖在温度达 200 ℃ 时发生分子内贰元移位和脱水，失去 1 分子水生成异蔗糖酐，这是焦糖化的初始阶段，继续加热失水达 9% 时形成焦糖酐色素，进一步加热则生成焦糖烯（见图 5-55）。

图 5-55　焦糖

2. 色素染色工艺

1）人工色素染色

原料：苋菜红、胭脂红、竹檬黄、日落黄、靛蓝，如图 5-56~图 5-59 所示。

图 5-56　苋菜红　　　　　图 5-57　胭脂红

图 5-58　日落黄　　　　　图 5-59　靛蓝

2）天然色素染色

原料：红曲米、紫胶虫色素、姜黄素、栀子黄色素、红花色素、胡萝卜素、紫草素、甜菜红、可可色素、焦糖色素等，如图 5-60~图 5-64 所示。

图 5-60　红曲米　　图 5-61　紫胶虫树脂　　图 5-62　姜黄素

图 5-63　红花色素　　　　　　　　图 5-64　焦糖色素

（四）调色工艺要求

1. 突出菜肴原料本色

调色的主要目的是赋予菜肴色泽，并不是所有的菜肴都需要赋色。例如，绿叶蔬菜类就应该突出其本色为佳。在大多数情况下，如菜肴原料味淡或动物性原料有异味，需要使用有色的重味调料达到调而盖之的目的。烹饪菜肴调色应突出其本色，恢复菜肴原料自然的色彩。

2. 以食用为先

在烹饪调色过程中，首先应该考虑以食用为先的原则，否则就真的失去了烹饪真谛。烹饪作品色彩过于艳丽、鲜艳夺目反而适得其反。

3. 了解菜肴成品的色泽标准

每一道菜肴都有其成型后的色泽标准。如"芙蓉鱼片（见图 5-65）""清汤鸡圆"必须要求鱼片、鸡圆色泽洁白如雪，不能带一丝其他颜色；"脆皮乳鸽"必须要求色泽红讷明亮；炒时令绿叶蔬菜则要求其颜色翠绿。这是因为色泽在一定程度上也反映着菜肴的风味，食客在看到菜肴色泽时通常会对它的质感有一个心理上的判断。通常以洁白代表细嫩；姜黄色代表油润；酱红色表示醇浓。

图 5-65　芙蓉鱼片

4.烹制时要先调色后调味

在烹制菜肴时，因有些原料、调料本身就具有一定的味道（如腌制品具有咸味，半成品一般都进行了码味处理，调味品如蚝油、酱类制品也具有一定的咸度和甜度），所以烹制时应当遵循先调色后调味的原则。如果先调味后调色，已经调好的口味会因后来调色工艺加入有色调味料而发生味道的偏离。

5.需长时间加热的菜肴应注意分步调色

有些成菜后颜色需要达到一定深度的菜肴，如"冰糖肘子扒蹄""红烧狮子头"等，需要长时间加热，在烹制过程中，一定要逐步调色，切不可在烹饪的开始阶段调上过重的色。因为这类菜肴在长时间加热的过程中，调味品（如酱油、糖色、酱制品）会发生糖分减少、酸度增加、颜色由浅至深的变化，会直接影响到最后原料色泽的效果。

6.要符合人们的生理需要和安全卫生要求

在烹制任何菜肴时，要时刻绷紧安全卫生这根弦，再好看的菜肴如果不符合安全卫生的要求，也是要全盘否定，坚决不能食用的。在调色工艺中涉及安全问题的主要是人工合成色素或发色剂等添加剂使用问题，我国早有相关的法律法规来规范和控制。

（五）调色工艺

1.保色法

保色法即保持原料的本色，就是利用有关调色料来保持原料本色和突出原料本色的调色方法。

2.变色法

变色法，即改变菜肴的色泽，就是用有关调料改变原料本色，使之形成鲜亮色泽的调色方法。此法中所用的调料本来不具有所调配之色，需要在烹制过程中经过一定的变化才能产生相应的颜色。

3.兑色法

兑色法，即勾兑菜肴的色泽，就是用有关调料以一定浓度或一定比例调配出菜肴色泽的调色方法。多用于水烹制作菜肴的调色。

4.润色法

润色法，即滋润菜肴的光泽，就是将油脂在菜肴原料表面薄薄裹上一层，使菜肴色泽油润光亮的调色方法。

六、厨房常见复合调味品及其盛装、保管

（一）厨房常见复合调味品

1. 复制酱油

（1）特点：色泽棕褐，咸鲜带甜，香味浓郁，汁浓稠。

（2）原料：酱油 500 克、红糖 75 克、味精 5 克、生姜 10 克、花椒 2 克、八角 2 克、香叶 1 克、桂皮 5 克、草果 2 克。

（3）制法：红糖切碎，生姜切片，制香料包；锅洗净置于中火上，放酱油、红糖、香料包、生姜、味精烧沸，改用微火保持微开，熬至酱油剩 2/3 时去掉香料包，倒入搪瓷缸中（见图 5-66）。

图 5-66　复制酱油

2. 红　油

（1）特点：色泽红亮，香辣味浓。

（2）原料：辣椒面 1000 克，菜籽油 4000 克，生姜（拍破）50 克，八角两颗。

（3）制法：将辣椒面、八角盛入容器，菜油、生姜入锅烧至八成热，端离火口。拣去姜块，待油温降低至五成热时，倒入盛辣椒面的容器中并不断搅拌，使辣椒面受热均匀，烫至酥香，并让其迅速降温（以免熟后烫糊变质），晾凉即成，如图 5-67 所示。

图 5-67　红油制作

3．火锅老油

（1）特点：色泽红亮，麻辣香浓。

（2）原料：牛油和菜籽油各 1 千克、郫县豆瓣 0.25 千克、豆豉 0.03 千克、整花椒 0.01 千克、干辣椒段 0.1 千克、老姜 0.05 千克、大蒜 0.075 千克、大葱 0.1 千克、香叶 0.005 千克、白蔻 0.003 千克、桂皮 0.01 千克、八角 0.01 千克。

（3）制法：锅置火上，放油烧至 120 ℃，下郫县豆瓣小火慢慢炒香，下蒜、姜、葱、干辣椒、整花椒、香料等小火炒出香味放豆豉炒香，静放 8 小时，去渣，如图 5-68 所示。

图 5-68　火锅老油熬制

（二）盛装调味品器皿的选择

要充分注意调味品的盛装与保管，如果盛装的容器不妥，保管的方法不善，就可能导致调味品变质或使用紊乱，会严重影响调味效果和菜肴质量。调味品有不同的物理和化学性质，有的是固体，有的是液体，有的具有芳香的气味。因此，应根据它们不同的性质科学地选用不同的容器。图 5-69 所示为常用的不锈钢器皿。

图 5-69　不锈钢器皿

（三）调味品的保管

（1）存放调味品的环境如图 5-70 所示。

（2）保管调味品时应注意：调味品一般不宜久存；需要事先加工的调味品，一次不可加工太多；不同性质的调味品，应分类贮存。

图 5-70　调味品库房

（四）调味品的合理放置

烹调菜肴时，灶台上的调味品的放置要便于使用，常用的应放在靠右手边。一般的原则是：先用的放得近，后用的放得远；常用的放得近，少用的放得远；有色的放得近，无色的放得远；同色的应间隔放置；湿的放得近，干的放得远。有时还要考虑其他因素。图 5-71 所示为后厨调味区的摆放示例。

图 5-71　后厨调味区

项目六 中式菜肴烹调技艺

任务一 中式烹调熟处理

任务目标

知识目标

1. 能描述预熟处理和成菜制熟处理的方法及要求。
2. 能描述烹调加热设备的种类。
3. 能描述火候的定义及火候的运用。

能力目标

1. 能对原材料进行预熟处理及成菜制熟处理。
2. 能正确使用各种烹调加热设备。
3. 能正确运用火候。

素养目标

1. 具备产品质量控制意识。
2. 具有岗位意识，爱岗敬业精神。
3. 培养学生认真严谨的学习态度，增强团队协作能力及创新意识。

为了使菜肴具有不同的特殊风味，或者为了除去食物原料中的不良成分和影响，再或是为了缩短正式制熟时间，厨师常对食物原料进行预熟处理。由于预熟处理时通常不调味，所以加热技法都比较简单。

一、预熟处理和成菜制熟处理

（一）预熟处理

预熟处理工艺

预熟处理是指在正式熟处理之前，对食物原料先行加热，制得菜肴半成品的加工过程。预熟处理同样要依靠传热介质的能量传递作用，又因为它是辅助加工过程，所以对初加工的要求有很大差别，有时直接使用食料的原始形态，有时要求经过精细的

刀工处理，所有这一切都以菜肴的质量要求为前提。

（二）预熟处理的类型

中餐制作中的预熟处理操作最常采用水、蒸汽和油作为传热介质，几乎不采用热空气和盐、砂等固体传热介质，但也有例外，如米粉蒸肉时，会将所用的糯米粉先行干炒预熟，以改善成菜的口感。

1. 焯　水

焯水又称水锅，就是把经过加工处理的原料放在水锅中加热到半熟或完全成熟的状态，以备进一步烹调所使用的一种加工方法。

1）焯水的作用

（1）除去烹饪原料中的腥臊异味。

（2）可缩短正式烹调的时间。

（3）调整几种不同性质的原料，使其在正式烹调时成熟一致。

（4）便于去皮和切配成型。

2）焯水的分类及范围

（1）冷水锅焯水。冷水锅焯水适用原料：体积较大，含有不同程度的涩味或者苦味的植物性原料（见图 6-1）；血污比较多，腥臊味比较浓重的动物性原料及动物性内脏。

图 6-1　冷水锅焯水

操作时锅中的水量要多，一定要浸没原料。注意翻动原料，使其受热均匀。及时地除去浮沫，动物性的原料可以加入葱、姜以去除异味。

（2）热水锅焯水。热水锅焯水适用原料：叶、花、果实等植物性原料（如菜心、芹菜等），通过焯水可保持原料的鲜艳色泽、脆嫩的口感；腥膻味小的动物性原料（见图 6-2）。

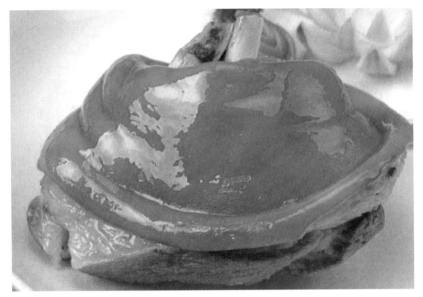

图 6-2　热水锅焯水食材

原料入锅前水一定要多，火要旺。一次下料不宜多。原料下锅后略滚即应取出，加热时间不可太长。某些容易变色的蔬菜焯水后应该立即投入冷水中冷却或摊开晾凉。鸡、鸭、猪等原料焯水后，水可作制汤用，避免浪费。

2. 过　油

过油是将备用的原料放入油锅进行初步热处理的过程（见图 6-3）。过油能使菜肴口味滑嫩软润，保持和增加原料的鲜艳色泽，富有菜肴的风味特色，还能去除原料的异味。过油时要根据油锅的大小、原料的性质以及投料多少等正确地掌握油的温度。

1）过油的作用

（1）改变烹饪原料的质地。

（2）改善烹饪原料的色泽。

（3）加快烹饪原料成熟的速度。

（4）改变或确定原料的形态。

图 6-3　过　油

2）过油的方法

按照油温的高低、油量的多少和过油后原料质感的不同，过油分为滑油和走油两种方法。

（1）滑油。油温控制在 90~130 ℃。该方法适宜范围广，原料多为丁、丝片等小型原料（见图 6-4）。操作要领如下：

① 先进行滑锅处理。

② 根据原料的多少控制油温和油量。

③ 上浆过的原料要分散下入油锅，防止原料粘连。

（2）走油。油温控制在 150~200 ℃。该方法适宜范围广，原料以较大的片、条、块或整型原料为主（见图 6-5）。操作要领如下：

① 应采用多油量、旺油锅。

② 注意安全，防止热油飞溅。

③ 注意原料下锅的方法。

④ 注意原料下锅后的翻动，防止粘锅或者炸焦。

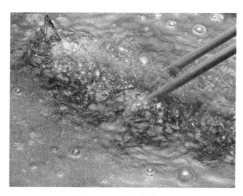

图 6-4　虾过油

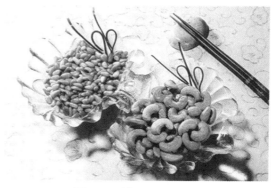

图 6-5　油酥腰果

3. 汽 蒸

汽蒸又称汽锅、蒸锅，是将已加工整理过的烹饪原料装入蒸锅，采用一定的火力，通过蒸汽将原料烹制成半成品的初步熟处理（见图6-6）。

1）汽蒸的作用

（1）加快原料的成熟速度。

（2）保持原料的完整性。

（3）避免原料营养成分的损失。

2）操作要领

（1）根据原料的老嫩程度、体积大小、装量的多少和烹调的要求掌握好汽蒸的火力和时间。

（2）注意装笼的顺序，确保原料成熟一致，并防止原料间相互串味、串色。

图 6-6 汽 蒸

4. 走 红

走红又称走红锅、走酱锅。就是将经过焯水或过油的原料投入某些含有色调味品的锅中，使其上色和入味的熟处理方法。

1）走红的作用

（1）缩短正式烹调时间。

（2）加快大型肉类原料入味。

2）走红的方法

（1）卤汁走红。卤汁走红就是将经过焯水或走油的烹饪原料放入锅中，加入鲜汤、香料、料酒、糖色（或酱油）等，用小火加热至菜肴所需要颜色。

（2）过油走红。过油走红又称"以油为介质的走红"，就是在经过焯水原料的表面涂抹上一层有色或经加热处理后产生颜色的调料，经过油炸而上色。

（三）成菜制熟处理

成菜制熟处理就是常说的烹调。而非热熟处理主要讲调，即使讲烹也是作反预熟处理来看待的，因此最后制得的菜肴即常见的冷菜。这里讲的成菜制熟处理实际上是烹饪技术中的精华，相当于制造业中的总装车间，在此之前的一切加工都是为此服务的，而在此之后的一切又只是包装而已。成菜制熟处理中的各种技法不仅仅是为了加热，而是要集中展示菜肴的各种基本功能，因此需要配合所有适用的手段。因此，成菜制熟处理也是展现一个厨师技术水平的标尺。

二、烹调加热设备

（一）电热设备——无火烹调

烹调能源与热传递

目前市场上常见的厨房电热设备有保温式电饭锅、电烤箱（焗炉）、电灶、微波炉、电磁感应灶（电磁炉）、电炸锅等。这些设备中，除微波炉的传热原理比较特别之外，其他设备几乎都是以传导的方式导热。对于中餐厨师，最不习惯的是它们没有火焰，又没有其他配套的测温设施，以观察火焰来判断制熟程度的一套经验在这些设备上用不上。而现在编写出版的菜谱又都是基于"明火亮灶"的，因此电热设备在我国餐饮行业中的应用依然处于次要的地位，即使是在对环境保护要求很严的大城市，餐饮企业厨房中的电热设备也只是应用于蒸、烤、炸、煮等少数几种技法，而我国烹调的国粹技法——以浅层油脂为传热介质的炒法，还是"明火亮灶"。或许未来，这种状况会有所改变。

1. 保温式电饭锅

保温式自动电饭锅是主要用于煮饭的家用电热炊具。由电热盘、饭锅、外壳、锅盖、按键开关等部件组成（见图 6-7），采用感温磁控元件，饭熟后即自动停止升温；有自动保温功能，使锅内米饭始终维持在 60～80 ℃。使用时用量杯量米，按米与水1:1.5 的比例加水，接通电源开关即可；饭熟后，开关自动复位，待冷至一定温度，电热盘再次通电，时断时续加热，进入自动保温状态，直至切断电源为止。无需自动保温时，可将开关向上拨起，人工断电。电饭锅除供煮饭外，亦可用于其他食物的蒸、炖、煨、焖等。

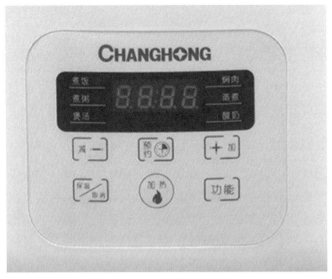

图 6-7　保温式电饭煲

2. 电烤箱

电烤箱是利用电热元件发出的辐射热烤制食物的厨房电器（见图 6-8）。电烤箱可以用来加工一些面食，如面包、比萨，也可以做蛋挞、小饼干之类的点心，还可以烤鸡、烤鸭。根据烘烤食品的不同需要，电烤箱的温度一般可在 50～250 ℃ 范围内调节。

电烤箱主要由箱体、电热元件、调温器、定时器和功率调节开关等构成。其箱体主要由外壳、中隔层、内胆组成三层结构，在内胆的前后边上形成卷边，以隔断腔体空气；在外层腔体中充填绝缘的膨胀珍珠岩制品，使外壳温度大大减低；同时在门的下面安装弹簧结构，使门始终压紧在门框上，使之有较好的密封性。

电烤箱的加热方式通常包括上下加热、底部加热和循环加热。

图 6-8　电烤箱

（二）太阳能灶和锅炉

1. 太阳能灶

太阳能灶（太阳灶）就是把太阳能收集起来，用于做饭、烧水的一种器具（灶）。太阳灶的关键部件是聚光镜，不仅有镜面材料的选择，还有几何形状的设计。最普通的反光镜为镀银或镀铝玻璃镜，也有铝抛光镜面和涤纶薄膜镀铝材料等（见图 6-9）。

随着时代的进步，先进的科技逐渐进入人们的生活，太阳能灶是一种节能、环保设备，在当今能源日益紧缺的情况下，太阳能环保设备将越来越受人们的青睐。

图 6-9　太阳能灶

2. 锅　炉

锅炉是一种能量转换设备（见图 6-10），向锅炉输入的能量有燃料中的化学能、电能，锅炉输出具有一定热能的蒸汽、高温水或有机热载体。锅的原义指在火上加热的盛水容器，炉指燃烧燃料的场所，锅炉包括锅和炉两大部分。锅炉中产生的热水或蒸汽可直接为工业生产和人民生活提供所需热能，也可通过蒸汽动力装置转换为机械能，或再通过发电机将机械能转换为电能。提供热水的锅炉称为热水锅炉，主要用于生活，工业生产中也有少量应用。产生蒸汽的锅炉称为蒸汽锅炉，常简称为锅炉，多用于火电站、船舶、机车和工矿企业。

大型的宾馆饭店几乎都有自己的锅炉，产生过热蒸汽作为热源，一般只能用于蒸、煮、炖、焖等以水或蒸汽为传热介质的烹调技法，故而锅炉不能完全代替其他高温炉灶。

图 6-10　锅炉

三、火候和火候的运用

火候及控制

（一）火候的概念

火候是指在烹饪过程中,根据菜肴原料的老嫩硬软、厚薄大小和菜肴的制作要求,采用的火力大小与时间长短。火候是烹调技术的关键环节。有好的原料、辅料、刀工,若火候不够,菜肴不能入味,甚至半生不熟;若过火,就不能使菜肴鲜嫩爽滑,甚至会糊焦。

（二）热（能量）的本质

热量是物理学中一个重要的概念,它涉及到能量的传递和转换。以下从广度和强度两个角度来分析热量的本质。

1. 热的广度因素

热（热量）的广度通常指的是热量在空间中的分布和扩散情况。影响因素有温度差、物质的热传导性及接触面积。

2. 热的强度因素

热（热量）的强度是指单位时间内通过单位面积的热量,通常用热流密度来表示。热量强度的影响因素有温差、热传导率、热对流及热辐射。

（三）火候的要素

火候的三要素：

第一要素：热源、烹调加热装置设备和烹调加热器具，它体现火候的条件。

第二要素：烹饪原料在加热过程中所用的温度、时间和加热方式，它反映火候的表现形式。

第三要素：烹饪原料在加热过程中的变化、质变程度与成品标准，这一要素揭示火候的本质。

（四）火候的运用

1. 从食物原料的感官性状判断火候

食物原料的感官物性是指它们的形态、料块大小、质地、颜色、气味等。这些性质在受热过程中随温度的变化而变化，需确保熟制后达到和谐的烹调结果。

判断火候的原则：体积小而薄的料快，多用高温短时间加热；体积大而厚的料块，多用低温长时间加热；质地老韧的原料，适宜用低温长时间加热；质地脆嫩的原料，适宜用高温短时间加热。此外，火候的运用也与原料的表面积、加热设备、燃料有关。

2. 观察传热介质的表面物相判断火候

前面已经讲过，在加热过程中传热介质物相变化与判断火候的关系，这与传热介质自身的导热系数（或热导率、比例系数）有密切的关系。

3. 选择合适的烹调方法满足成菜的火候需要

炸、烹、炒、爆、涮、煸、炝——达到香嫩脆酥；炖、煨、焖、烧、煮、扒——达到软烂；烤、蒸——时间控制。

4. 根据食物原料在加热中的物相变化判断火候

色——判定；大块肉——筷子扎；糖浆——加热 160～180 ℃，降至 90～160 ℃ 形成定型玻璃态——出丝。

任务二　中式热菜烹调

任务目标

知识目标

1. 能描述水传热制熟烹调方法的种类及要求。
2. 能描述油传热制熟烹调方法的种类及要求。
3. 能描述水油混合传热制熟烹调方法的种类及要求。
4. 能描述汽传热制熟烹调方法的种类及要求。
5. 能描述其他制熟烹调方法及要求。

能力目标

1. 能使用水传热制熟烹调方法进行菜肴烹制。
2. 能使用油传热制熟烹调方法进行菜肴烹制。
3. 能使用水油混合传热制熟烹调方法进行菜肴烹制。
4. 能使用汽传热制熟烹调方法进行菜肴烹制。

素养目标

1. 具备产品质量控制意识。
2. 具有岗位意识，爱岗敬业精神。
3. 培养学生认真严谨的学习态度，增强团队协作能力及创新意识。

知识链接

水传热烹调技法之
煮、焖、烧

一、水传热制熟的烹调方法

（一）煮

煮是将食物及其他原料放置在锅中，加入适量的汤汁或清水、调料，用武火煮沸后，再用文火煮熟。适用于体小、质软类的原料。所制食品口味清鲜、美味，是一种健康的饮食方式。

1. 成菜特点

（1）特点：汤宽汁浓、汤菜合一、口味香鲜。

（2）适宜原料：鱼、猪肉、豆制品、蔬菜等类原料。

2．工艺流程

原料选择→初步加工→切配→直接或熟处理→煮制调味→成菜。

3．关键点

（1）煮菜要求原料新鲜、富含蛋白质，使原料中的呈味物质易于溶解于汤汁中，增其鲜味。

（2）加工切配。

（3）正确掌握火候。

（4）煮制菜常以咸鲜味为主。

（5）要掌握好汤、菜的比例，避免菜少汤多或汤少菜多。

4．代表菜品

沸腾鱼、水煮牛肉（见图6-11）、酸菜鱼、大煮干丝（见图6-12）等。

图 6-11　水煮牛肉

图 6-12　大煮干丝

（二）烧

烧是将加工整理切配成形的烹调原料，经煸炒、油炸或水煮等方法加热处理后，加适量的汤汁或水及调味品，慢火加热至原料熟烂入味，急火浓汁的烹调方法。

1．红　　烧

红烧是指将切配后的原料，经过焯水或炸、煎、炒、煸、蒸等方法制成半成品，放入锅中，加入鲜汤旺火烧沸，撇去浮沫，再加入调味品，如糖色、生抽、老抽等，改用中火或小火，烧至熟软汁稠，勾芡（或不勾芡）收汁成菜的烹调方法。

（1）成菜特点：色泽红亮（或棕褐）、质地细嫩或熟软、鲜香味厚。

（2）工艺流程：原料选择→切配→直接或初步熟处理→锅→调味烧制→收汁→装盘成菜。

（3）关键点：选料及初加工、原料初步熟处理、汤水一次加足调色、调味适度。

（4）代表菜品：土豆烧牛肉（见图6-13）、豆瓣鲜鱼、麻婆豆腐、家常豆腐、红烧牛尾、红烧鲍鱼（见图 6-14）等。

图 6-13 土豆烧牛肉

图 6-14 红烧鲍鱼

2．白　烧

白烧是指将切配后的原料，经过焯水、蒸、汆、烫、油滑之后，放入锅中，加入鲜汤旺火烧沸，撇去浮沫，再加入调味品，改用中火或小火，烧至熟软汁稠，勾芡（或不勾芡）收汁成菜的烹调方法。

（1）成菜特点：色泽自然或洁白、咸鲜醇厚、质感鲜嫩或软糯。

（2）工艺流程：原料选择→切配→直接或初步熟处理→炝锅→调味烧制→收汁→装盘成菜（同红烧）。

（3）关键点：原料要求新鲜无异味、滋味鲜美；调味品要求无色，忌用酱油或其他有色调味品或辅料。菜肴的复合味主要是咸鲜味、咸甜味等，烧制时咸味不能过重，要突出白烧原料本身的滋味，味感要求醇厚、清淡、爽口。白烧原料熟处理常采用焯水、滑油、汽蒸等方法，以保证原料在保色、鲜香度、质感等方面起到有效作用。

（4）代表菜品：干贝菜心、冬笋烧鸡、白汁鱼肚、白汁鲴鱼（见图 6-15）、冬笋烧鸡公（见图 6-16）。

图 6-15 白汁鲴鱼

图 6-16 冬笋烧鸡公

3．干　烧

干烧是指烹制过程中用中小火将汤汁自然收汁，使汤汁滋味渗入原料内部或黏附在原料表面的烹调方法，最大的特点是不勾芡。

（1）成菜特点：色泽金黄或棕讷、质地细嫩、鲜香亮油。

（2）工艺流程：原料选择→初步加工→切配→熟处理→调味烧制→收汁亮油→装盘成菜。

（3）关键点：原料选择、刀工处理、码味、熟处理、收汁。

（4）代表菜品：干烧岩鲤（见图6-17）、太白鸡、干烧辽参（见图6-18）、干烧大虾等。

图 6-17　干烧岩鲤

图 6-18　干烧辽参

（三）扒

扒是指将经过初步熟处理的原料整齐入锅，加汤水及调味品，小火烹制收汁，保持原形成菜装盘的烹调方法。

（1）成菜特点：整齐美观、质感酥烂、明油亮芡、咸鲜味醇。

（2）工艺流程：原料选择→初步加工→切配整齐→熟处理→炝锅→调味→烹制→收汁→装盘成菜。

（3）关键点：原料选择、改刀、拼摆、火候的控制、勾芡收汁。

（4）代表菜品：奶油扒白蘑、蚝油扒菜心、牛鞭扒三鲜（见图6-19）、海米扒腐竹、葱油扒鱼唇（见图6-20）、糟扒三白等。

图 6-19　牛鞭扒三鲜

图 6-20　葱油扒鱼唇

（四）烩

烩是指将数种原料加工成小的形状，经过初步处理后，相掺在一起用汤和调味品制成菜肴的烹调方法。

水传热烹调技法之
烩、氽、涮

（1）成菜特点：色泽鲜艳、口味清淡、汤宽汁浓、入口爽滑。

（2）工艺流程：原料选择→刀工成形→初步熟处理或直接炝锅→添加鲜汤、调料→投入主辅料→烧开烩制（或烧开勾芡）→装盘成菜。

（3）关键点：所采用的原料要事先加热处理，一般是一菜多料、色彩鲜艳。

（4）代表菜品：烩两鸡丝、烩什锦丁、鸡丝烩鱼肚、口袋豆腐（见图 6-21）、芹菜烩鸡腰、鸡丝烩豌豆、奶汤烩银丝、烩乌鱼蛋（见图 6-22）等。

图 6-21　口袋豆腐

图 6-22　烩乌鱼蛋

（五）炖

炖是将加工整理切配成形的烹调原料，经初步加热处理后，投入多量水或汤汁内，慢火加热使原料熟、烂入味，不勾芡成菜的方法。

水传热烹调技法之
炖、煨

（1）成菜特点：成菜汤多味鲜、原汁原味、酥烂醇香、风味独特。

（2）工艺流程：原料选择→初加工→刀工或直接初步熟处理→加汤水（或部分调辅料）→加盖炖制→辅助调味→装盘成菜。

（3）关键点：适合炖制的原料以鸡肉、鸭肉、猪肉、牛肉为主。主料要一次投完，汤要一次加完，煮时锅盖要盖严。盐不能放得太早，原料必须用热火焯后，再加清汤及调味品慢火加热成熟。

（4）代表菜品：炖酥肉、双冬汽锅鸡、瑶柱香莲炖瘦肉（见图 6-23）、汉宫姜母鸭、白果炖鸡（见图 6-24）、人参炖乌鸡、清炖鸡、小鸡炖蘑菇、木瓜炖雪蛤、乱炖等。

图 6-23　瑶柱香莲炖瘦肉　　　　　图 6-24　白果炖鸡

（六）煨

煨是指经炸或煸、炒、焯水等初步熟处理的原料，加入汤汁用旺火烧沸，撇去浮沫，放入调味品加盖用微火长时间加热成熟成菜的烹调方法。

（1）成菜特点：主料软糯酥烂，汤汁黏而浓稠，味道鲜香醇厚。

（2）工艺流程：原料选择→初加工切配→初步熟处理→置于陶制容器→掺水或鲜汤→投入调料→旺火烧沸→微火煨至酥烂→装盘成菜。

（3）关键点：

选料：多选用老、韧、硬且富含蛋白质、风味物质的原料。

初步熟处理：为使汤汁浓稠，许多原料都先经炸、煎、煸等初步处理。

火候：原料入锅后也应先用大火烧开，随后盖严盖子，把火调至小火或微火处，保持容器内的汤汁似滚非滚状，慢慢加热。

大批制作：一定要强调原料配原汤，切不可在原料中添加其他汤汁，以免破坏原汁原味。

调味：调味以咸鲜为主，不勾芡。

（4）代表菜品：红枣煨肘（见图 6-25）、红煨牛肉、板栗煨鸡、家乡煨大鸭、红煨八宝鸭（见图 6-26）、红煨水鱼裙边、红煨羊蹄花等。

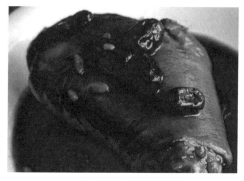

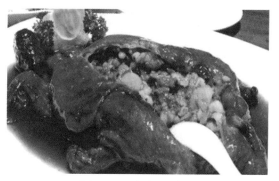

图 6-25　红枣煨肘　　　　　　图 6-26　红煨八宝鸭

（七）焖

焖是指将加工整理切配成形的主要原料，经过初步加热处理后，加适量的汤汁或水及调味品，加盖用慢火加热至原料熟烂的烹调方法。

（1）成菜特点：形态完整、不碎不烂；明油亮芡，汁水较黏稠，味鲜醇厚。

（2）工艺流程：原料选择→加工切配→初步熟处理→炝锅→掺汤、入料→调味→大火烧开改小火—慢火加热至酥烂。

（3）关键点：主要原料采用油煎、过油、焯水等方法进行初步加热处理。加汤汁或水要适量，加盖慢火烹制。

（4）代表菜品：红焖鸡块、炸焖鸡腿、油焖大虾（见图 6-27）、焖河鳗、黄焖鸡（见图 6-28）等。

图 6-27　油焖大虾

图 6-28　黄焖鸡

二、油传热制熟的烹调方法

（一）炸

炸就是将加工切配成形的烹调原料调味、挂糊或不挂糊，投入具有一定温度的多量油中，加热使之成熟的烹调方法。

1. 清　炸

清炸是指将经过刀工处理的主料用调料腌渍，一般不上浆、不挂糊，直接用油加热烹制的烹调方法，或经前期热处理定型后直接炸制。

油传热熟制工艺之炸

（1）成菜特点：色泽金黄、外脆内嫩、鲜香可口。

（2）工艺流程：原料选择→加工处理→码味→清炸→配味碟→装盘成菜。

（3）关键点：选用细嫩、鲜味充足的动物性原料；原料刀口多为块状；原料应腌制入味、确定口味；必须采用急火、高温油多次加热成熟；原料一般主料不挂糊、不上浆；成品外香脆，内鲜嫩，食时蘸调味品。

（4）代表菜品：清炸仔鸡、清炸里脊、清炸郡肝、清炸蛎蝗等（见图6-29）。

图 6-29　炸菜

2. 酥　炸

酥炸是指将加工成形的烹调原料调味，挂酥糊，投入急火热油内加热成熟的烹调方法。

（1）成菜特点：色泽金黄、外酥松内软熟、细嫩。

（2）工艺流程：原料选择→初步加工→码味或制泥→蒸、烧、煮或糕蒸→直接或挂糊或拍粉→酥炸→配味碟→装盘成菜。

（3）关键点：选用鲜嫩、无骨、易熟的原料加工成小的形状；注意调制蛋泡糊的质量；采用清油做传热介质；采用慢火温油炸制；成品白色、味鲜，质松软嫩，涨发饱满。

（4）代表菜品：香酥鸭（见图6-30）、黄油酥皮火鸡（见图6-31）、香酥鸡、椒盐酥皮兔糕等。

图 6-30　香酥鸭

图 6-31　黄油酥皮火鸡

3. 软　炸

软炸是将质嫩型小或原料剞花刀切制成形、调味后，挂蛋液面粉糊，投入热油内，中火加热成熟的方法。

（1）成菜特点：色泽金黄、外香酥内鲜嫩。

（2）工艺流程：原料选择→加工处理→码味→挂糊→油炸一配味碟→装盘成菜。

（3）关键点：用鲜嫩无骨的原料加工成形；原料一般都要先剞花刀再切成形；调糊要均匀挂在原料上要薄而均匀；要采用中温油加热成熟；成品质地软嫩色泽微黄食时蘸调味品。

（4）代表菜品：椒盐里脊、软炸大虾（见图6-32）、软炸鱼条、软炸鸡柳（见图6-33）等。

图 6-32　软炸大虾

图 6-33　软炸鸡柳

4. 卷包炸

卷包炸就是将加工成形的原料调味，再用其他原料卷裹或包裹起来，挂糊或不挂糊，投入多量油内加热成熟的烹调方法。

（1）成菜特点：色泽金黄、外酥脆内鲜嫩。

（2）工艺流程：原料选择→刀工处理→调味→卷包→油炸→装盘成菜。

（3）关键点：选用鲜嫩无骨的原料制成馅；用于卷包的原料是由其余原料加工成为的大片；制作精细，成形整齐美观，注意封口；成品原汁不外溢，质地特别鲜嫩，别有风味。

（4）代表菜品：纸包鸡（见图6-34）、纸包虾、纸包里脊、香酥蛋卷等。

图 6-34　纸包鸡

油传热熟制工艺之油
浸、油淋、塌、煎

（二）煎

煎是将原料加工整理成形，用调味品腌渍入味，投入热锅少量底油内，慢火两面加热呈金黄色成熟的烹调方法。

（1）成菜特点：色泽金黄、外表香酥、内部软嫩、无汤汁，具有较浓厚的油香味。

（2）工艺流程：原料选择→刀工处理→调味挂糊→煎制→配味碟→装盘成菜。

（3）关键点：原料形状一般都为扁形或厚片状；烹制之前原料都要用调味品腌渍入味；原料一般都要挂糊；先将铁锅烧热，用少量油布匀，再投入原料；要慢火加热，并随时转锅，使其受热均匀，防止黏底；翻锅要轻，保持形态；成品色泽金黄，外表香酥，内部软嫩，无汤汁。

（4）代表菜品：椒盐鸡饼、鱼香虾饼、香煎三文鱼（见图6-35）、香煎豆腐等。

图 6-35　香煎三文鱼

（三）贴

贴是指把几种经刀工成型的原料加调味品码味后黏合在一起，成饼状或厚片状。再放入有少量油的锅中煎一面，另一面不煎或稍煎（此法加热时不便于翻动，常单面加热），使成菜一面酥脆，另一面软嫩的一种烹调方法。

三、水油混合传热制熟的烹调方法

（一）熘

熘初始于南北朝时期，是指将加工、切配的原料用调料腌制入味，经油、水或蒸汽加热成熟后，再将调制的卤汁浇淋于烹饪原料上或将烹饪原料投入卤汁中翻拌成菜的一种烹调方法。

油传热熟制工艺之熘、爆

1. 炸熘

炸熘又称焦熘、脆熘、烧熘，是指将加工成形的主要原料挂糊投入热油内炸至金黄色、成熟，然后勾糊芡成菜的方法。

（1）成菜特点：色泽金黄、外酥内嫩或内外酥香松脆。

（2）工艺流程：原料初加工→切配→码味→挂糊、拍粉或汽蒸→油炸定型→复炸酥脆→调制芡汁→熘汁→装盘成菜。

（3）关键点：第一步先将主料原料调味或不调味挂糊炸制；先调制糊芡，再投入炸好的主料；成品一般都是红色或浅红色，芡汁软、浓稠、红亮，质地外焦脆、内软嫩。

（4）代表菜品：金毛狮子鱼（见图6-36）、松鼠鱼（见图6-37）、鱼香鹅黄肉、鱼香茄片、糖醋里脊等。

图 6-36　金毛狮子鱼

图 6-37　松鼠鱼

2. 滑　熘

滑熘是指将加工成形的主要原料上浆滑油，再投入调好口味的汤汁中，勾熘芡翻拌均匀，淋浮油成菜的方法。

（1）成菜特点：色泽鲜艳、滑嫩鲜香、清爽醇厚、见油不见汁。

（2）工艺流程：原料选择→加工切配→码味上浆→热油炙锅→主料滑油→烹制芡汁→熘制→烹饪芡汁→装盘成菜。

（3）关键点：先将主要原料上浆，放入温油内滑熟；选用鲜嫩无骨的原料加工成小的形状；滑熘的菜品一般都是白色；成品原料质地滑嫩，芡汁比炸熘略稀薄而稍多。

（4）代表菜品：糟熘鱼片（见图6-38）、醋熘鸡（见图6-39）、鲜熘肉片、西芹熘鲜贝等。如图6-40，6-41所示。

图 6-38　糟熘鱼片　　　　　　　　图 6-39　醋熘鸡

3. 软　熘

软熘是指将原料加工成形调味后，利用汽蒸或水煮的方法加热成熟，再浇上调好的芡汁成菜的方法。

（1）成菜特点：色泽素雅、柔软细嫩、味道鲜美。

（2）工艺流程：原料选择→初步加工→刀工处理或制成半成品→蒸、煮或氽熟→直接或改刀后装盘→调制芡汁→熘制→浇淋于菜肴上→装盘成菜。

（3）关键点：先将主料调味，蒸或煮熟；必须选用新鲜度高的原料；改刀要精细，装盘要整齐美观；调制芡汁时一般不加底油，芡熟后加浮油；成品芡汁较稀薄而明亮，原料质地软嫩而滑。

（4）代表菜品：西湖醋鱼（见图 6-40）、五柳居（见图 6-41）、软熘仔鸭、白汁鸡糕等。

图 6-40　西湖醋鱼　　　　　　　　图 6-41　五柳居

（二）炒

炒是指将烹调原料加工成形，投入热锅少量底油内，急火快速翻拌、调味，汤汁较少，不勾芡，迅速成菜的烹调方法。

油传热熟制工艺之炒、烹

1. 滑　炒

滑炒是指将烹调原料加工成形，主料上浆滑油，再投入热锅少量底油煸炒好的配料中，翻炒入味成菜的烹调方法。

（1）成菜特点：色泽自然，滑嫩清爽、紧汁亮油。

（2）工艺流程：原料选择→初加工切配→码味上浆→调制芡汁→炙锅→放入主料滑油→投入辅料→烹入芡汁→收汁亮油→装盘成菜。

（3）关键点：主要原料都上浆滑油；先煸炒配料至适宜的火候再投入主料；成品质地软嫩，一般都是白色，清爽利落。

（4）代表菜品：龙井虾仁（见图 6-42）、宫保鸡丁、鱼香肉丝、木耳肉片（见图 6-

43）、青椒里脊丝、滑炒鱼丝、滑炒银鱼丁等。

图 6-42　龙井虾仁

图 6-43　木耳肉片

2. 生　炒

生炒，又称煸炒、生煸，是将生的烹调原料加工成形，直接投热锅少量底油内，急火翻炒、入味，快速成菜的方法。

（1）成菜特点：色泽自然、鲜香脆嫩或干香滋润、酥软化渣。

（2）工艺流程：原料选择→初加工切配（码味）→炙锅→旺火热油生炒原料→依次投入调辅料→原料断生成熟→装盘成菜。

（3）关键点：选用鲜嫩、易熟的原料加工成小形；主要原料事先不采用任何方法加热处理；按原料以及用火时间长短依次入锅；成品原料以断生为宜，质地鲜嫩，味清醇，汤汁较少。

（4）代表菜品：生爆盐煎肉（见图 6-44）、青椒土豆丝（见图 6-45）、素炒豌豆尖、农家小炒肉、生炒羊肉片、生炒萝卜丝等。

图 6-44　生爆盐煎肉

图 6-45　青椒土豆丝

3. 熟　炒

熟炒是指将熟的原料加工成形，投入热锅少量底油内，急火快炒入味，迅速成菜

的方法，称为熟炒。

（1）成菜特点：色泽自然、鲜香细嫩或酥香滋润、亮油不见汁。

（2）工艺流程：原料选择→初步加工→熟处理→切配→炙锅→投入主料→熟炒烹制→依次放入调料→装盘成菜。

（3）关键点：主要原料一般需提前处理成熟，再改刀成形；成品质地软烂，汤汁较少，味型多样；急火快炒，边加热，边调味，成菜迅速。

（4）代表菜品：回锅肉（见图6-46）、红糟肉、蚝油鸭掌、赛螃蟹（见图6-47）等。

图 6-46　回锅肉　　　　　　　　图 6-47　赛螃蟹

4. 软　炒

软炒又称兑浆炒，是指将鲜嫩的原料加工、调制成流动或半流动状态，投入热锅少量底油内，慢火翻炒入味成菜的烹调方法。

（1）成菜特点：半凝固或软固体状态、细嫩软滑、酥香油润。

（2）工艺流程：原料选择→加工整理→组合调制→炙锅→投入半成品→中火热油→匀速炒制（加入辅料）→装盘成菜。

（3）关键点：原料加工细腻并调制成糊状；铁锅先烧热加少量底油布匀，再放入原料；一般采用慢火，排匀推炒方法操作，谨防糊底；成品软嫩，口感细腻。

（4）代表菜品：雪花鸡淖、八宝锅珍（见图6-48）、白油嫩蛋、炒鲜奶、三不沾（见图6-49）等。

图 6-48　八宝锅珍　　　　　　　　　图 6-49　三不沾

（三）爆

爆是指将鲜嫩无骨的原料加工成形，上浆或不上浆，投入不同温度的油或沸水中加热处理，然后急火少塞底油煸炒配料、调味，投入处理好的主料，勾芡立即成菜的烹调方法。

（1）成菜特点：原料质地脆嫩或软嫩，芡紧包原料而油亮，食用完后盘内无汤汁。

（2）工艺流程：原料选择→初加工及刀工→码味上浆→调制芡汁→熟处理→爆制→收汁亮油→装盘成菜。

（3）关键点：采用急火，操作速度快，成菜迅速；主料一般都要先初步加热处理，采用碗内兑调味粉汁。

（4）代表菜品：火爆郡花、火爆鱿鱼卷（见图 6-50）、汤爆肚仁、火爆猪肝、油爆双脆、酱爆鸭条、葱爆羊肉（见图 6-51）等。

图 6-50　火爆鱿鱼卷　　　　　　　图 6-51　葱爆羊肉

四、气传热制熟的烹调方法

（一）烤

热空气及固体传热
熟制工艺之烤

烤是指将加工整理成形的原料腌渍入味或加工成半成品，放入烤炉内，利用辐射热能将原料烹制成熟的方法。

（1）成菜特点：菜色泽美观、形态大方、皮酥肉嫩、香味醇浓，主要适用于鸡、鸭、鹅、鱼、乳猪、猪方肉等大块和整形原料。

（2）工艺流程：

原料选择(大块原料)→加工处理→码味→烤制→刀工处理→配味碟→装盘成菜。

原料选择（小型原料）→刀工处理→直接或码味→烤制→配味碟→装盘成菜。

（3）关键点：选用质地肥嫩的动物性原料和植物性原料，各种刀口都适用于烤；烤制时，有的烤前调味，有的烤中调味，有的烤后调味，根据不同的原料灵活掌握火候及烤制时间。

（4）代表菜品：烤羊腿（见图 6-52）、烤全鱼、挂炉烤鸭（见图 6-53）、叉烧肉、烤鸡翅、烤鲳鱼、盐烤鳝鱼、黄泥烤鸡等。

图 6-52　烤全羊

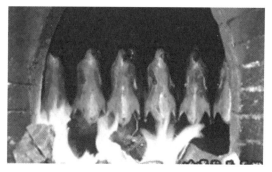

图 6-53　挂炉烤鸭

（二）熏

熏是将原料置于密封的容器（熏锅）中，利用熏料的不完全燃烧所生成的热烟气使原料成熟入味的一种烹调方法。

（1）成菜特点：色泽深棕或红黄，烟香浓郁，风味独特。

（2）工艺流程：原料选择→加工整理→直接或经过初步处理（煮、卤、蒸等）→腌渍入味→密闭容器熏制→盛装→辅助调味。

（3）关键点：原料的选择，控制火候。

（4）代表菜品：樟茶鸭子（见图 6-54）、五香熏鱼（见图 6-55）、熏鸡、五香熏豆干、五香熏蛋等。

图 6-54　樟茶鸭子

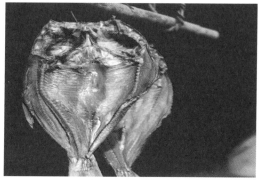

图 6-55　五香熏鱼

（三）蒸

蒸即是以水蒸气为传热介质的加热方法。蒸又称笼锅，它是指将经过加工切配、调味盛装的原料放入蒸柜（见图 6-56，也可以是笼或锅）内，利用蒸汽加热使之成熟

或熟软入味成菜的烹调方法。

图 6-56　蒸柜

1. 清　蒸

清蒸是指主料经过半成品加工后放入调味品、鲜汤等蒸制成菜的一种烹调方法。

（1）成菜特点：原料本色、汤汁颜色自然、口味鲜醇、清淡爽口、质地软嫩细腻。

（2）工艺流程：原料选择→初加工→熟处理→刀工→盛装→调味→蒸制→装盘成菜。

（3）关键点：原料的选择、调味的处理、火候的运用、锅内水的用量。

（4）代表菜品：清蒸鳜鱼（见图 6-57）、清蒸全鸡、清蒸多宝鱼、清蒸鲥鱼、清蒸大闸蟹（见图 6-58）等。

图 6-57　清蒸鳜鱼

图 6-58　清蒸大闸蟹

2. 粉　蒸

粉蒸是将加工切配后的原料用各种调味品调味后加入适量的大米粉拌匀，用汽蒸至熟软滋糯成菜的一种烹调方法。

（1）成菜特点：色泽自然、软糯滋润、醇浓鲜香、油而不腻。

（2）工艺流程：原料选择→刀工处理→调味→拌入米粉→直接或加入辅料入蒸碗→蒸制→装盘成菜。

（3）关键点：原料的选择、刀工的处理、火候的控制。

（4）代表菜品：粉蒸牛肉、粉蒸羊肉、粉蒸鸡（见图6-59）、粉蒸牛蛙、粉蒸鳝鱼（见图6-60）、粉蒸泥鳅、荷香排骨等。

图 6-59　粉蒸鸡

图 6-60　粉蒸鳝鱼

3. 旱　蒸

旱蒸又叫扣蒸、干蒸、汗蒸，是指将刀工处理的原料经过腌制入味（或不经腌制）后装在盘中，淋入调好的酱汁上笼蒸制成菜的一种烹调方法。

（1）成菜特点：色泽油润明亮、质感细嫩软烂、味道香醇鲜美。

（2）工艺流程：原料选择→加工处理→调制酱汁，淋入→蒸制→装盘成菜。

（3）关键点：原料的选择、初加工处理、调味的处理。

（4）代表菜品：龙眼甜烧白（见图 6-61）、咸烧白（见图 6-62）、汗蒸姜汁中段、汗蒸回锅肉、汗蒸童子鸡等。

图 6-61　龙眼甜烧白

图 6-62　咸烧白

其他传热熟制工艺

五、其他制熟的烹调方法

（一）拔　丝

拔丝是将加工成形的原料挂糊或不挂糊，投入油内炸透，再投入熬化至出丝火候的糖液中蘸匀，能拉出糖丝成菜的烹调方法。

（1）成菜特点：色泽琥珀、明亮晶莹、外脆里嫩、口味香甜。

（2）拔丝的原理：糖溶化在水中后，绝大部分的水分在加热搅拌时要被蒸发掉，这个过程称为熬糖。熬糖可以使蔗糖分子间的连接破裂并中断，使结晶体分散成无定型的非晶体结构。这种由结晶体向非结晶体无定型结构的转变，就是烹制拔丝菜肴的原理。拔丝菜肴所需要的是无定型状态的糖浆，它在一定的温度下有良好的可塑性，可以随原料而成形，这是一种介于液体和固体的中间状态。当熬好的糖浆加入炸好的原料不断翻动后，糖浆温度下降，黏度增大，流动性减小。当温度下降到 80～70 ℃时，糖浆的可塑性最大，拔丝的成功就是利用糖浆在这一温度区域的特性，在原料挂满糖浆而尚未凝结的时候，拉伸原料，使一块块原料之间在一拉一伸的外力作用下形成了绵绵不断的丝。

（3）工艺流程：原料选择→刀工处理→直接或拍粉、挂糊→炸制→熬制糖汁→倒入主料→装盘→拔丝成菜。

（4）关键点：主料都要采用热油炸透，并保证外酥脆；成品糖丝细长而脆，香甜可口；盛装拔丝菜品的器皿应抹油分，以利于餐具清洗；严格掌握熬化糖的火候；拔丝菜上席应跟随凉开水。

（5）代表菜品：拔丝香蕉、拔丝苹果、拔丝土豆、拔丝山药（见图 6-63）、拔丝冰激凌、拔丝橘瓣、拔丝葡萄（见图 6-64）等。

图 6-63　拔丝山药

图 6-64　拔丝葡萄

（二）琉　璃

琉璃是指将加工成形的原料挂糊或不挂糊，投入油内炸透，再投入熬化至出丝火候的糖液中蘸匀，能拉出糖丝成菜冷却后食用的烹调方法，代表菜品有空心琉璃丸子（见图6-65）。

琉璃的操作要领：主料都要采用热油炸透，并保证外酥脆；成品糖丝细长而脆，香甜可口；盛装拔丝菜品的器皿应抹油分，以利于餐具清洗；严格掌握熬化糖的火候；菜上席应该一块一块分开。

图6-65　空心琉璃丸子

（三）盐　焗

盐焗是指将经过加工的半成品的原料以盐作为传热介质制熟成菜的烹调方法。

（1）成菜特点：用此法制作的菜品，多有原汁原味、细嫩鲜香的特点，在粤菜中运用较多。

（2）工艺流程：原料选择→加工整理→腌渍→包裹→热盐焗制→装盘成菜。

（3）关键点：最好是选用粗盐；多选用质嫩易熟、滋味鲜美的原料；原料需要在加热前进行腌渍外处理；原料在包裹时，应选用耐高温的材料；较难成熟的原料，在埋入热盐中后，可在锅底用小火或微火加热。

（4）代表菜品：盐焗鸡（见图6-66）、盐烤河鳗、盐烤大虾（见图6-67）、盐烤鳝鱼、盐烤荷叶鸭等。

图 6-66 梅州盐焗鸡

图 6-67 盐烤大虾

六、做菜实例

熟制工艺成品特点

（一）制作糖醋排骨

1. 原料配备

炸排骨 300 g，青椒片 35 g，糖醋汁 80 g，淀粉、水适量。

2. 制作流程

准备原料→调制淀粉→烹调→勾芡→淋油（甜菜不需要）→出锅装盘。

3. 基本步骤

锅烧热，下入少许食用油，倒入糖醋汁烧至沸腾，加入青椒片煮至刚熟，然后用水淀粉勾芡，使汤汁稠浓（见图 6-68），加入适量熟油，然后倒入排骨，翻炒均匀即可出锅（见图 6-69）。

图 6-68 勾芡

图 6-69 装盘

（二）制作香菇焖鸡

此菜运用焖制技法进行烹调。焖多用于有一定韧性的鸡、鸭、牛、猪、羊肉，以及质地较为紧密细腻的鱼类。原料初步熟处理时，需根据其性质选用焯水、煸炒、过油等方法。

1. 原料配备

（1）主料：土鸡半只，约 700 克。

（2）辅料：鲜香菇 150 克，红美人椒 3 条，青美人椒 3 条，蒜粒 50 克 ，姜 30 克，生粉 40 克。

（3）调料：料酒 8 克，精盐 2 克，鸡精、味精各 2 克，白糖 2 克，老抽 2 克，蚝油 10 克，胡椒粉 1 克，香麻油 2 克，鲜汤 300 克。

2. 制作流程

原料切配成型→腌制鸡肉→滑油→焖制→勾芡→下包尾油→成菜装盘。

3. 基本步骤

（1）用刀将鸡肉斩成 4 厘米见方的块，鲜香菇切块，美人椒切成斜刀厚片，姜切丁，蒜粒去掉根部木质化部分，如图 6-70（a）所示。

（2）鸡肉用盐、适量的生粉拌匀，如图 6-70（b）所示。

（3）锅烧热后放入 1.5 升食用油，加热到四成油温时，放入鸡肉，滑油至五成熟，用笊篱捞出，滤去油分，青红美人椒片入油锅滑油至熟捞出备用。如图 6-70（c）（d）所示。

（4）锅中留底油，随即放入蒜粒、姜丁、鸡肉，溅入料酒，略爆炒至香，加鲜汤，放入调味料，加入鲜香菇，加上锅盖，使用中火焖至原料熟透，加入胡椒粉，用湿淀粉勾芡，加入香麻油、尾油和美人椒片翻炒均匀，装盘即成，如图 6-70（e）（f）所示。

（a）香菇切块　　　　　　　　　　（b）鸡肉拌生粉

（c）鸡肉滑油，捞出

（d）椒片滑油

（e）湿灰粉勾芡

（f）成菜装盘

图 6-70　香菇焖鸡制作过程

（三）制作软炸里脊

1. 原料配备

（1）主料：猪里脊肉 200 克 。

（2）辅料：鸡蛋 100 克，面粉 75 克，姜 10 克，香葱 20 克。

（3）调料：精盐 3 克，料酒 10 毫升，味精、鸡精各 1 克，椒盐末 4 克。

2. 制作流程

原料刀工处理→码味→制浆→浆和肉条混合→入油锅炸制→复炸→装盘。

3. 基本步骤

（1）猪里脊肉剖十字花刀，切成小一字条，如图 6-71（a）所示；姜切片，香葱切段。

（2）切好的里脊肉用姜片、葱段、精盐、料酒拌匀，码味 5 分钟，如图 6-71（b）所示。

（3）鸡蛋和面粉调成全蛋浆加入少许调和油搅拌均匀。

（4）将里脊肉条与全蛋淀粉浆拌匀，再将肉条分散逐一放入 5 成热的中温油锅中炸至断生呈浅黄色捞出，待油温回升至 7 成热时复炸，如图 6-71（c）（d）所示。

（5）成菜装盘即成，如图 6-71（e）所示。

（a）里脊肉切条

（b）里脊肉码味

（c）里脊肉加入全蛋液

（d）炸里脊

（e）成菜装盘

图 6-71　软炸里脊制作过程

项目七　菜肴盛装美化与品质控制

任务一　菜肴的盛装

知识目标

1. 能描述菜肴造型的规律及盛器的选择。
2. 能描述冷菜与热菜的造型与盛装工艺的方法及特点。
3. 能描述菜肴的装饰美化技术的特点。

能力目标

1. 能根据菜肴的造型选择合适的盛器。
2. 能根据菜肴的特点对菜肴进行造型及盛装。
3. 能对菜肴进行装饰美化。
4. 能对水果进行雕刻造型。

素养目标

1. 具备产品质量控制意识。
2. 具有岗位意识，爱岗敬业精神。
3. 培养学生认真严谨的学习态度，增强团队协作能力及创新意识。

一、菜肴的造型

菜肴造型是指利用烹饪原料的可塑性及其自然形态，结合刀工、刀法和一些相关技法，创造出来的具有一定可视形象的立体图形。

造型是中国烹调工艺的重要组成部分，是食用审美的重要内容，主要包括凉菜造型和热菜造型两大部分。

（一）中国菜肴造型的基本原则

1. 实用性原则

菜肴的实用性，即食用性，有食用价值；不搞"花架子"，防止中看不中吃。这是一条总的原则，是菜肴造型的基本前提条件。菜肴造型，实际上是以食用为主要目的的一种特殊造型形式，它不同于其他造型工艺。如果造型菜肴不具备食用性或者食用性不强，也就失去了造型的意义和作用，不可能有生命力和存在价值。尤其是凉菜造型更要注意食用性，一些传统的彩色拼盘食用性差，有的根本不能食用，究其原因，一是生料多，二是使用色素，三是工艺复杂，花费太多时间，四是卫生差，于是名曰"看盘"，即只能看，饱饱眼福，不能食用。中国传统烹饪文化，对于现代厨师来说，一定要用"扬弃"的观念来继承，不能盲目效仿。"看盘"在现代饮食生活中，已没有实际意义。

菜肴造型的食用性，主要体现在两个方面：

（1）色、香、味、质要符合卫生标准，调制要合理，不使用人工合成色素。

（2）造型菜肴要完全能够食用，要将审美与可食性融为一体，诱人食欲，提高食兴。

2. 技术性原则

技术性是指应当具备的知识技能和操作技巧。烹调原料从选料到完成菜肴造型，技术性贯穿始终，并且起着关键作用。中国菜肴造型的技术性主要体现在4个方面：

1）扎实的基本功是基础

烹调工艺的基本功是指在制作菜肴过程中必须熟练掌握的实际操作技能。菜肴造型技艺的基本功主要包括：

（1）选料合理，因材施用，减少浪费，物尽其用。

（2）讲究刀工，刀法娴熟，切拼图形快速准确。

（3）原料加热处理适时适宜，有利于菜肴造型。

（4）基本调制技能过关。

（5）懂得色彩学的基本知识，并能灵活运用。

菜肴造型技术是基本功的客观反映；扎实的基本功为菜肴造型提供了技术基础。

2）充分利用原料的自然形状和色彩造型是技术前提

中国烹调原料都有特定的自然形状和色彩。尽可能充分利用原料的自然形状和色彩，组成完美的菜肴造型，既遵循自然美法则，又省工省时，是造型技术的重要原则。例如，黑白木耳形似一朵朵盛开牡丹花，西红柿形如仙桃一般，等等。如果在表现技法上加以适当利用，使形、情、意交融在一起，能收到强烈的表现效果。

3）造型精练化是技术关键

从食用角度看，菜肴普遍具有短时性和及时欣赏性，造型菜肴也同样如此。高效率、快节奏，是现代饮食生活的基本特点之一，尤其是在饮食消费场所，让客人等菜、催菜会十分影响就餐情绪，弄不好容易造成顾客投诉。造型菜肴要本着快、好、省的原则完成制作全过程，一要作充分准备；二是精练化，程序和过程宜简不宜繁，能在短时间内被人食用；三是在简洁中求得更高的艺术性，不失欣赏价值。

4）盛具与菜肴配合能体现美感是充要条件

不同的盛具对菜肴有着不同的作用和影响，如果盛具选择适当，可以把菜肴衬托得更加美丽。盛具与菜肴的配合应遵循以下原则：

（1）盛具的大小应与菜肴分量相适应。

① 量多的菜肴使用较大的盛具，反之则用较小的盛具。

② 非特殊造型菜肴应装在盘子的内线圈内，碗、炖盆、砂锅等菜肴应占容积的80%～90%，特殊造型菜肴可以超过盘子的内线圈。

③ 应给菜盘留适当空间，不可堆积过满，以免有臃肿之感。否则，既影响审美，又影响食欲。

（2）盛具的色彩应与菜肴色彩相协调。

① 白色盛具对于大多数菜肴都适用，更适合于造型菜肴。

② 白色菜肴选用白色菜盘，应加以围边点缀，最好选用带有淡绿色或淡红色花边盘盛装。

③ 冷菜和夏令菜宜用冷色盛具；热菜、冬令菜和喜庆菜宜用暖色盛具。

（3）菜肴掌故与器皿图案要和谐。

中国名菜"贵妃鸡"盛在饰有仙女拂袖起舞图案的莲花碗中，会使人很自然地联想起能歌善舞的杨贵妃酒醉百花亭的故事；"糖醋鲤鱼"盛在饰有金鱼跳龙门图案的鱼盘中，会使人情趣盎然，食欲大增。

（4）菜肴的品质应与器皿的档次相适应。

① 高档菜、造型别致的菜选用高档盛器。

② 宁可普通菜装好盘，也不可好菜装次盘。

3. 艺术性原则

菜肴的艺术性是指通过一定的造型技艺形象地反映出造型的全貌，以满足人们的审美需求，它是突出菜肴特色的重要表现形式，能通过菜肴色、形、意的构思和塑造，达到景入情而意更浓的效果。

中国菜肴造型的艺术性主要表现在以下两大方面：

1）意境特色鲜明

意境，是客观景物和主观情思融合一致而形成的艺术境界，具有情景相生和虚实相成以及激发想象的特点，能使人得到审美的愉悦。中国菜肴造型由于受多种因素的制约，使意境具有其鲜明的个性化特色。

（1）菜肴造型受菜盘空间制约，其艺术构想和表现手法具有明显的浓缩性。

（2）艺术构想以现实生活为背景，以常见动植物烹饪原料形态为对象，是对饮食素材的提炼、总结和升华，强调突出事物固有的特征和性格。

（3）艺术构想以食用性为依托，以食用性和欣赏性的最佳组合为切入，以进餐规格为前提，以深受消费者认可和欢迎为出发点，以时代饮食潮流为导向。

（4）艺术构想必须具有很强的可操作性，要使技术处理高效快速、简洁易行、好省并存。

（5）艺术构想的内容和表现形式受厨师艺术素养的制约。丰富和提高厨师的艺术素养，是菜肴造意的基础。

（6）造意手法多样，主要表现为比喻、象征、双关、借代等。

① 比喻：是用甲事物来譬比与之有相似特点的乙事物。如"鸳鸯戏水"是用鸳鸯造型来比喻夫妻情深恩爱。

② 象征：是以某一具体事物表现某一抽象的概念。主要反映在色彩的象征意义和整个立体造型或某一局部的象征意义等方面。

③ 双关：是指利用语言上的多义和同音关系的一种修辞格。菜肴造型多利用谐音双关。如"连年有余（鱼）"等。

④ 借代：是指以某类事物或某物体的形象来代表所要表现的意境，或以物体的局部来表现整体。如"珊瑚桂鱼"是借桂鱼肉的花刀造型来表现珊瑚景观。

2）形象抽象化

菜肴造型的形象特征表现为具象和抽象两大类。具象主要是指用真实的物料表现其真实的特征，在形式上主要表现为用真实的鲜花等进行点缀，以烘托菜肴的气氛。

抽象化是造型菜肴最主要的艺术特征，它不追求逼真或形似，只追求抽象或神似。因此，在艺术处理上通常表现为简洁、粗犷的美。

在上述三大原则中，实用性是目的，技术性是手段，艺术性对实用性和技术性起着积极的作用，三者密不可分。

（二）影响菜肴形状的因素

1. 选　料

制作菜肴的原料品种繁多，烹饪技法多样，调味品丰富，而烹制出的菜肴也千变万化，绚丽多彩。新菜式的产生，同时也就是新的菜"形"的形成。制作菜肴的原料大都有自己固定的形状，液体原料除外。

2. 刀　工

烹调中式菜肴所需原料甚多，烹制方法多样，所以烹制菜肴时所需的原料形状也较繁杂。但不管烹制哪种菜肴，所需原料常见的外形不外乎是丁、条、片、段、块、丝、粒、茸等几种，只不过因菜品的要求和烹制方法的不同，而形状的大小厚薄有所差异而已（见图 7-1）。

图 7-1　宝塔肉

3. 出　水

出水是将经洗涤、刀工处理后的烹调原料放入沸水锅中，经过焯、烫、煮等初步熟处理过程。凡经"出水"的原料，基本上是至断生即可，千万不能过火。若"出水"时间过长，会使原料过于熟烂，而在烹调入味时又继续加热，不仅会严重损失营养，也会使主料碎烂，继而影响菜肴的成形。

4. 过　油

过油是将原料经刀工处理后挂糊或不挂糊，放入不同温度的油锅中滑散至将熟的一道工序。这道工序对菜肴的成形也起着重要的作用。例如，在制滑肉片时，若蛋清浆过浓，或油温过高，肉片遇热均会粘连在一起，甚至成疙瘩状，这就破坏了原料的形状，影响成菜的口感。图 7-2 所示的"龙须瓜姜鱼丝"即为过油工序的示例。

图 7-2　龙须瓜姜鱼丝

5. 烹 调

在这道工序中，调味炒制最好以颠锅炒制为好。尽量少用锅铲与勺去推炒，以免破坏原料的单个形状。如制作"豆瓣鲜鱼"时，用铲勺翻炒，就极易破坏鱼块的完整形状，所以烹制此菜，一般都采用大翻锅的烹饪技法（见图 7-3）。

图 7-3 豆瓣鲜鱼

6. 装 盘

装盘是烹制菜肴的最后一道工序，也是决定菜肴形状至关重要的一道工序，具有一定的技术性和艺术性。一般说来，熘炒类菜肴应装拱形，一来显得菜肴丰满，二来也相对保持了菜肴的温度；至于盛汤汁较多的菜肴，则应随盛器的变化而变化形状，不能过多地加以修饰（见图 7-4）。

图 7-4 装盘

（三）菜肴造型的一般规律

1. 多样与统一

多样是烹饪图案造型中各个组成部分的区别，一是原料的多样，二是形象的多样。统一是这些组成部分的内在联系。一盘完美的拼盘应该是丰富的、有规律的和有组织的，而不是单调、杂乱无章的（见图 7-5）。

图 7-5　金秋硕果

2. 对称与平衡

对称与平衡是构成烹饪图案形式美的又一基本法则，也是图案中求得重心稳定的两种结构形式。对称类似均齐，是同形同量的组合，体现了秩序和排列的规律性。如人身上的双耳、双目、上下肢鸟的翅翼，花木的对生枝叶等，都形成对称、均齐的状态。对称类似均齐，如图 7-6 所示的"萝卜花"。

图 7-6　萝卜花

3. 重复与渐次

重复是有规律伸展连续。自然界中事物的形象和它们的运动变化，往往具有规律性。我们在千万朵花卉中选择美丽的典型花朵，加以组织变化、连续反复，即构成丰富多样的图案。连续重复性的图案形式是烹饪图案中的一种组织方法，如图 7-7 所示的"秋葵塔"。

图 7-7　秋葵塔

4. 对比与调和

物与物的区别需要对比。在烹饪图案中形象的对比有方圆、大小、高低、长短、宽窄等。调和与对比则相反，对比强调差异，而调和则是缩小差异，是由视觉上的近似要素构成的，如形状的圆与椭圆、正方与长方，色彩的黄绿与绿、蓝与浅蓝等，相互间差距较小，而具有某种共同点，给人一种和谐宁静的协调感，如图 7-8 所示的"海鲜刺身"。

图 7-8　海鲜刺身

5. 节奏与韵律

烹饪图案中的节奏，是指烹饪图案画面上的线条、纹样和色彩处理得生动和谐、浓淡协调，通过视线在时间、空间上的运动得到均匀、有规律的感觉。韵律是从节奏中生发出来的如同诗歌般的抑扬顿挫的优美韵味和协调的节奏感，如图 7-9 所示的"荷韵"。

图 7-9　荷韵

（四）菜肴造型的盛器

1. 盛器的大小

盛器的大小选择要根据菜点品种、内容、原料的多少和就餐人数来决定。一般大盛器的直径可在 50 厘米以上，冷餐会用的镜面盆甚至超过了 80 厘米。小盛器的直径只有 5 厘米左右，如调味碟等，如图 7-10 所示的冷餐自助所用盛器。

图 7-10　冷餐自助

2. 盛器的类型

盛器的造型可分为几何形和象形两大类。几何形一般多为圆形和椭圆形，是饭店、酒家日常使用得最多的盛器。另外还有方形、长方形和扇形的。象形盛器可分为动物造型、植物造型、器物造型和人物造型。动物造型有鱼、虾、蟹和贝壳等水生动物造型，也有蝴蝶等昆虫造型和龙、凤等吉祥动物造型；植物造型的有树叶、竹子、蔬菜、水果。图 7-11 所示的盛装烤鸭的盛器形状就是鸭子形状。

图 7-11　烤鸭

3. 盛器的材质

盛器的材质种类繁多，有华贵靓丽的金器银器，古朴沉稳的铜器铁器，光彩照人的不锈钢，制作精细的锡铝合金等金属制品；也有散发着乡土气息的竹木藤器等；有粗拙豪放的石器和陶器，也有精雕细琢的玉器；有精美的瓷器和古雅的漆器；也有晶莹剔透的玻璃器皿；还有塑料、搪瓷和纸质等制品，如图 7-12 所示的强化瓷盘子。

图 7-12　强化瓷盘子

4. 盛器颜色与花纹

盛器的颜色对菜点的影响也很重要，一道绿色蔬菜盛放在白色盛器中会给人一种碧绿鲜嫩的感觉，而盛放在绿色的盛器中感觉就平淡多了。一道金黄色的软炸鱼排或雪白的珍珠鱼米放在黑色的盛器中，在强烈色彩对比烘托下，会使人感觉到鱼排更色香诱人，鱼米则更晶莹剔透，食欲也因此而提高。通过图 7-13 所示的对比就能看出不同盛器对菜肴的影响。

图 7-13　素炒青菜

5. 盛器的功能

盛器功能的选择主要是根据宴会和菜点的要求来决定的。在大型宴会中为了保证菜点的质量就要选择具有保温功能的盛器。在冬季为了提高客人的食用兴趣，还要选择安全的能够边煮边吃的盛器，如图 7-14 所示的石锅。

图 7-14　石锅耙泥鳅

6. 盛器的多样与统一

在使用餐具时，应尽量成套组合，尽量选用美学风格一致的器具，在组合的布局上力求统一。此外，还要注意餐具与家居、室内装饰等美学风格上的统一，如图 7-15 所示。

图 7-15　国宴餐具

二、菜肴的造型与盛装工艺

一道完整的菜肴的质量指标除了包括色、香、味、形和营养、卫生之外，还应包括选用的餐具是否协调，点缀、围边等装饰是否美观等，而这些都决定于菜肴的装盘技术。如果装盘时主料不突出，餐具选用不恰当，不清洁卫生，色调不明快，即使菜肴制作得再完美，也达不到满意的效果。

菜肴的盛装

（一）冷　菜

1. 冷菜的造型与装盘工艺

1）冷菜造型的特点

（1）主题鲜明，意境突出。

（2）造型规范，制作精良。

（3）题材广泛，内涵丰富。

2）冷菜造型的一般类型

（1）单碟抽象造型冷菜。

（2）单碟具象造型动物类冷菜，如禽鸟造型、畜兽造型、鱼类造型、蝴蝶造型（见图 7-16）等。

（3）单碟具象造型植物类冷菜（见图 7-17）。

（4）单碟具象造型景观类冷菜。

（5）单碟具象造型器物类冷菜。

（6）单碟具象造型混合类冷菜。

（7）多碟组合造型类冷菜。

无主拼式组合造型，有主拼式组合造型。

图 7-16　鱼冻/蝴蝶造型

图 7-17　冷拼-洋葱荷花

2. 冷菜单盘的造型

冷菜单盘的造型有三叠水形、一封书形、风车形、馒头形、宝塔形（见图 7-18）、桥梁形（见图 7-19）、四方形、菱形、等腰形、螺旋形、扇面形（见图 7-20）、花朵形及还原形等。

图 7-18　宝塔形

图 7-19　桥梁形

图 7-20　桃仁扇形香干

3．实用性冷菜拼盘的造型

实用性冷菜拼盘的造型有双升、三拼、四拼、五拼、什锦拼盘、九色攒盒、抽缝叠角开盈造型等，如图 7-21 所示的"九色攒盒"。

图 7-21　九色攒盒

4. 冷菜单盘与拼盘的装盘

（1）装盘的步骤：垫底→围边→盖面，如图 7-22 所示的"大刀耳片"。

图 7-22　大刀耳片

（2）拼摆的方法：冷菜拼盘拼摆的方法有排、堆、叠、覆、贴、摆、扎、围等，如图 7-23 所示的"鱼趣"。

图 7-23　鱼趣

5. 花色冷菜拼盘的造型方法及制作程序

1）花色冷菜拼盘的造型方法

花色冷菜拼盘的造型方法有平面式、卧式、立体式。

2）花色冷菜拼盘的制作程序

花色冷菜拼盘的制作程序：构思→构图→选料→刀工→拼摆，如图 7-24 所示的"鸳鸯邂藕"。

图 7-24　鸳鸯邂藕

6. 水果拼盘的制作

1）水果拼盘的特点

水果拼盘的特点是风味多样、营养丰富、食用方便、形态美观、用途广泛，如图 7-25 所示。

图 7-25　水果拼盘

2）水果拼盘的类型

水果拼盘包括简单水果拼盘，中、小型水果拼盘、大型水果拼盘，调味型水果拼盘。如图 7-26 所示为简易儿童水果拼盘。

图 7-26　简易儿童水果拼盘

3）水果拼盘的制作要点

制作水果拼盘应注意原料选择、造型设计、便于食用、保质卫生、与盘具相配合，如图 7-27 所示。

图 7-27　制作水果拼盘

7. 冷菜拼摆装盘的原则与要求

1）冷菜拼摆装盘的原则

（1）以食用为本、风味为主、装饰造型为辅的原则。

（2）形式为内容服务，提倡从原料出发来考虑造型。

（3）简洁、明快的原则，不宜精雕细琢搞复杂的构图。

（4）符合食用、卫生、效率、节约、适度的原则。

2）冷菜拼摆装盘的基本要求

刀工要整齐，色彩要和谐，味汁要恰当，盛器要协调，用料要合理，如图 7-28 所示。

图 7-28　蒜泥白肉

8. 冷菜制作的卫生控制

1）"四专"要求

（1）专人及其卫生要求。

（2）专室及其卫生要求。

（3）专用工具及其卫生要求。

（4）专用的消毒、冷藏设备。

冷菜加工间示例如图 7-29 所示。

2）加工、拼摆冷菜的卫生控制

（1）原料的卫生要求。

（3）拼摆的卫生要求。

（4）加工完成后，应立即食用。

（5）隔日使用的冷菜卫生控制。

冷菜的最后装饰示例如图 7-30 所示。

图 7-29　冷菜加工间　　　　图 7-30　冷菜的最后装饰

（二）热菜的造型与装盘工艺

1. 热菜造型的特点

热菜成菜后大多酥烂、细嫩，从而不利于刀工的切割，更不利于精细化刀工处理；热菜多为卤性，汤汁较多，黏稠多味，不利于拼盘造型，受"串味"制约较严，不利于拼盘造型；热菜受温度制约严格，因此不宜加长装盘造型的时间，即使需要精细化操作，亦需超前造型；热菜为分类上席，在宴席中同一主题中更加追求个性的体现，前后配合具有内在节奏，因而因菜而异，一菜一格，环环相扣，叠巧多姿。

2. 热菜造型的一般规律

热菜是宴席的主题菜肴，决定着宴席档次的高低，是好坏的关键所在。显著特点是趁热食用，要求以最快的速度进行工艺处理，这就决定了热菜的造型既要简洁大方，又不能草率、马虎，虽不耐久观，却诱人食欲。成功的热菜以精湛的刀工、优雅的造型、绚丽的色彩令人倾倒，促使宴席过程高潮频起，气氛热烈。所以热菜造型艺术是饮食活动和审美意趣相结合的一种艺术形式，具有较强的食用性与观赏性。

3. 热菜的造型方法

1）加工造型

热菜加工造型方法有缔塑法，酿填法，卷制法（见图7-31），包制法，叠贴法，翻穿法，扎、扣（见图7-32）、夹，模铸法等。

图7-31　时蔬千张卷——卷制法

图7-32　甜烧白——扣

2）烹制定型

它是指原料根据菜肴成形的要求作刀工技艺处理后，再通过加热烹制而改变原料的自然形态使之成为一种新形式的完成方式。

这类菜肴制作程序：选料→初加工→制花刀→加工（拍粉或挂糊）→加热（烹制）→浇汁→装饰。制作这类菜肴特别讲究刀工和火候技艺。烹制定型时的油温掌握也很重要。

3）拼摆定型

拼摆定型包括：生熟原料的混合拼摆；熟原料的拼摆；半成品的拼摆（见图7-33）。

图7-33　水中花

4）盛装

（1）油炸菜肴的盛装法。

将菜肴倒在漏勺中（或用漏勺捞出），沥油 5～10 秒后再装盘，也适用于部分炸熘菜肴的装盘。

（2）炒、熘、爆菜的盛装法。

分次盛入法：这是最常用的盛装方法之一，即是在出锅时要翻锅，随着锅内菜肴原料翻离出锅的一刹那，用手勺趁势接住一部分菜肴，然后盛到餐具中，再将锅中剩下的菜肴分次盛到餐具中。此法适于烹调数量较少、不宜散碎的菜肴原料。有一些主辅料差别比较显著的勾芡的菜，可先将辅料较多的部分盛入盘中，然后将勺中的主料较多的部分铺盖在上面，使主料突出（见图 7-34）。

图 7-34　炒爆熘的装盘——倒入法

（3）烧、炖、焖菜的装盘法。

烧、炖、焖菜的装盘可以采用拖入法、盛入法（见图 7-35）及扣入法。拖入法适用于整条鱼类或排列整齐的扒、烧菜肴的装盘，装盘后仍保持原有的形状。先淋入明油晃锅，用手勺边缘勾住原料一端，再将锅移近盘边，把锅身倾斜，将原料拖入盘中。拖时锅不宜离盘太高，否则原料易碎，也不能太低，防止锅灰掉入盘中。此法与滑入法类似。

图 7-35　盛入法

（4）蒸制菜肴盛装法。

扣入法：此法适用于蒸扣类的菜肴。用扣碗装料时，要把原料整齐地切好摆放碗内，将形状好些的放在碗底，形状稍差的放在上面，这样扣过来时，外形就较为美观。装盘时，将盘反覆在碗口上，滗净蒸菜原料中的汤汁，然后迅速翻转过去，拿掉碗，将表面的形状调理周正，一般要浇上芡汁或围素菜，再上桌，如八宝饭、蛋美鸡等。

（5）煎制的菜肴盛装法。

一般采用手铲盛入，适宜煎制的菜肴或原料造型整齐的菜肴。因为这类菜肴用手勺盛装不大方便，如不慎还会破坏菜肴的形状，用手铲盛菜时，手铲贴着锅底铲下，但要防止将锅底的杂质带到菜肴上，同时不宜随意移动菜肴，防止芡汁的痕迹影响餐具的外观。

（6）烩菜、汤菜的盛装法。

汤汁装入碗中，一般以装至离碗边沿1厘米上下处为度。对于整齐扣入碗中的菜肴，应将汤沿着锅边缓缓倒下，不可冲动菜肴。从中间倒，一定会波动菜肴的造型，汤汁又会溅出碗外。小型易碎的原料扣入碗中后，用手勺将菜肴盖住，再将汤顺着手勺倒入，如图 7-36 所示。

图 7-36　上汤五指山野菜

舀入法：将锅端临盛器一侧，用手勺逐勺将菜肴舀出盛入汤盘之中，此法适用于对卤性较多，稠黏的烩制菜肴的装盘。

倒入法：将锅端临盛器上方，斜斜锅身，使菜肴自然流入盛器，此法适用于对汤菜的装碗，倒时需用手勺盖住原料，使汤经过勺底缓缓流下。

（7）整只、大块菜肴的盛装法。

整鸡、整鸭：在盛时应腹部朝上，背部朝下。这样做的目的是因为鸡、鸭腹部的肌肉丰满、光洁。头应置于旁侧。

蹄膀：蹄膀的外皮色泽鲜艳、圆润饱满，故应朝上。

（8）多份菜肴的盛装法。

烹调实践中，有时一道菜肴要制作多份，菜肴数量多，分量重，盛装的方法是：将锅移到盛器旁的锅架上，然后用手勺或手铲一次一次地将锅中的菜肴盛到餐具中。移动锅时，左手用垫巾包住锅柄握牢，右手用钩具钩牢另一个锅柄，然后端起移至锅架上，不宜用手勺卡住另一个锅柄，防止出现翻锅现象，造成不必要的损失和浪费。

（9）热菜拼盘的盛装法。

热菜通常一菜一盘，很少采用拼法的，因为多数带汤汁，易串味，如要拼制，仅限于无汤汁的炸、煎菜肴，或同料不同味的菜肴，或同味的素菜拼盘。

（10）菜肴盛装法的变化。

同一菜肴的盛装方法不是固定不变的，通常可以采用许多不同的盛装方法，例如"菊花鱼"加热成熟后，可以直接堆在盘（可用圆盘，也可用腰盘）中，淋上芡汁；可以排入盘中，成菱形或方形或圆形等多种形状，淋上芡汁；也可以摆入象形围边中，如寿桃形、花形等；还可以加上炸好的鱼头、鱼尾，拼摆成整鱼形等。

（11）菜肴盛装的注意事项。

菜肴的盛装如同商品的包装，质量好还需包装好，因此菜肴装盘要新颖别致，美观大方，出奇制胜，同时要注意下列事项：

① 菜肴盛装的数量控制。

② 菜肴盛装的卫生控制。

③ 菜肴盛装的餐具选择。

④ 菜肴盛装的温度控制。

某些需保持较高温度的名贵菜肴（如鱼翅、鲍鱼等）在盛装前，餐具要在蒸箱中加温，然后用消毒的布巾拭净水珠，才可盛装菜肴。某些过大、过厚的餐具，使用时也应加温。

（12）菜肴盛装的造型控制。

菜肴应该装得饱满丰润，不可这边高，那边低，而且要主料突出。如果菜肴中既有主料又有辅料，则主料应装得突出醒目，不可被辅料掩盖，辅料则应对主料起衬托作用。如果装盘后让客人看到的都是辅料，那就喧宾夺主了。其次，即使是单一原料的菜，也应当注意突出重点。例如，滑炒虾仁这一道菜虽然没有辅料，都是虾仁，但要运用盛装技巧把大的虾仁装在上面，以增加饱满丰富之感。

（13）菜肴盛装的色泽控制。

菜肴装盘时还应当注意整体色彩的和谐美观，运用盛装技术把菜肴在盘中排列成各种适当的形状。同时，注意主辅料的配置，使菜肴在盘中色彩鲜艳，形态美观。例如，"百花鱼肚"应将鱼肚装在盘中的正中间，百花围在鱼肚的外围，并用绿色小菜心陪衬，以使菜肴色泽鲜艳。菜肴装盘当中，还应注意冷色、暖色的合理搭配，不能全冷或全热。餐具的色彩应与菜肴的色彩相协调，一份菜肴的色彩，选用哪一种色彩的盛具直接关系到能否将菜肴显得更加高雅悦目，衬托得更加鲜明美观。

三、菜肴的装饰美化技术

许多菜肴的色泽、造型等由于受原料、烹制法或盛器等因素的限制，装盘后并不能达到色、香、味、形的和谐统一，因而需要对其进行美化处理。所谓菜肴的美化就是利用菜肴以外的物料，通过一定的加工附着于菜肴旁或其表面上，对菜肴色泽、形态等方面进行装饰的一种技法。

菜肴的美化

（一）菜肴的美化形式

不同的菜肴美化形式往往不同，根据对菜肴装饰美化部位的不同，可分为"主体装饰"和"辅助装饰"两类。这两类形式运用得恰当，能使菜肴呈现出"百菜百格"的艺术特色。

1. 主体装饰

这是利用调配料或其他食用性原料在菜肴主体（或主料）之上的一类美化形式。这类装饰在菜肴加热前或成熟后制作，装饰料都是可食的，并且大多具备美味。常用的方法有覆盖法、扩散法、牵花法、团案法、镶嵌法、间隔法、衬垫法，如图 7-37 所示的"菠菜塔"和图 7-38 所示的"一品狮子头"。

图 7-37　菠菜塔　　　　　　　　图 7-38　一品狮子头

2. 辅助装饰

利用菜肴主辅料以外的原料，采用拼、摆、镶、塑等造型手段，在菜肴旁对其进行点缀或围边的一类装饰方法，采用辅助装饰能使菜肴的形状、色调发生明显变化，如同众星拱月，可使主菜更加突出、充实、丰富、和谐，弥补了菜肴因数量不足或造型需要而导致的不协调、不丰满等情况。辅助装饰花样繁多，与主体装饰不同的是，有些装饰侧重于美化，有些装饰侧重于食用，且大多在菜肴成熟后装饰（复杂的装饰可超前制作）。常见的形式有点缀、围边，如图 7-39、图 7-40 所示。

图 7-39　清炒虾仁

图 7-40　凤腿鲜鲍

（二）菜肴的美化方法

1. 实用性美化

以能食用的小件熟料、菜肴、点心、水果作为装饰物，来美化菜肴的方法称为实用性美化。

这类装饰的材料一般都是可食的，如以菜围菜就是一种传统的美化方法，把两种不同的有主次之分烹饪原料制作成两种不同口味和色泽的菜肴，在同一盘中一菜围于另一菜。围边的原料可以是植物性原料，例如，色泽红亮的"樱桃肉"（见图 7-41）用生煸豆苗作围边，红绿相间；"红梅菜胆"用油焖菜心来围边，整个菜肴形态饱满，色泽艳丽，吃起来不感到油腻，动、植物原料的营养能得到相互的补充。

图 7-41　樱桃肉

2. 欣赏性美化

采用雕刻制品、琼脂或冻粉、生鲜蔬菜、面塑作为装饰物，来美化菜肴的方法称为欣赏性美化。这类装饰物以美化欣赏为主，能食用（或者说符合卫生条件），但都不食用。如图 7-42 所示的佛手金卷，盘头用蔬菜制作的花卉并不食用。

图 7-42　佛手金卷

另外，少数菜肴用非食品原料装饰美化。例如，"牡丹凤腿"将纸花点缀在炸鸡腿上，使整个菜肴犹如一个小花园，气派隆重，装点大方，且可用手拿着吃，手不沾菜肴，食后不用擦手，清洁方便。这类装饰虽不可食，但据其效果来看，无疑是可取的。

（三）菜肴美化要遵循的原则

尽管菜肴装饰美化重要，但它毕竟是菜肴的一种外在美化手段，决定其艺术感染力的还是菜肴本身。因而菜肴的装饰美化要遵循以食用为主、美化为辅的原则。切不可单纯为了装饰美观而颠倒主从关系，使菜肴成为中看不中吃的花架子。那么对于需要美化的菜肴来说，如何装饰才算是恰到好处呢？这就要遵循下列各项原则：

（1）卫生安全原则。

（2）实用为主原则。

（3）经济快速原则。

（4）协调一致原则。

上述 4 条原则是相互联系、统一于菜肴之中的。利用装饰技艺美化菜肴，要注意综合多方面的因素，分主次，讲虚实；重疏密，有节奏；提倡空、淡、雅、活；忌讳满、浓、俗、呆。要使总体规划与局部安排一致，使菜肴在色香味形诸方面更加趋于完美，给人以物质与精神的双重享受。

四、雕刻工艺

雕刻工艺是指运用雕刻技术将烹饪原料或非食用原料制成各种艺术形象，用来美化菜肴、装饰筵席或宴会的一种工艺。根

宴会菜品及菜单设计

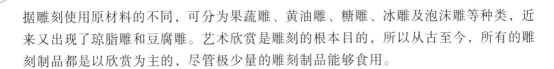

据雕刻使用原材料的不同，可分为果蔬雕、黄油雕、糖雕、冰雕及泡沫雕等种类，近来又出现了琼脂雕和豆腐雕。艺术欣赏是雕刻的根本目的，所以从古至今，所有的雕刻制品都是以欣赏为主的，尽管极少量的雕刻制品能够食用。

（一）各类雕刻形式的简介

雕刻工艺的应用日益繁多，对雕刻的品质要求越来越高，目前已有专门的公司，从事冰雕、泡沫雕、黄油雕、蔬菜雕等对外加工业务，为宾馆酒店、婚庆礼仪公司、婚纱摄影公司及个人精心制作各种雕刻作品，给人以高档次的享受。

（二）果蔬雕刻的制作

1.果蔬雕刻原料的选择

果蔬雕刻是一种将水果和蔬菜通过特殊的刀具和技巧雕刻成各种形状和图案的艺术形式。在进行果蔬雕刻时，原料的选择非常关键，它直接影响到作品的质量和呈现效果。

首先，雕刻原料的选择应以可食性为前提，常用的原料包括各种水果和蔬菜，如苹果、西瓜、胡萝卜、橙子、黄瓜、草莓等。原料应选择新鲜、质地均匀、色泽鲜艳的，以保证雕刻作品的美观和可食用性。例如，哈密瓜因其厚皮和平整的表面，是雕刻碗状作品的常用选择。

其次，雕刻原料的选择还应考虑到其质地特点。一些果蔬如苹果、黄瓜等质地较硬，适合练习基本的雕刻技巧；而像猕猴桃、葡萄等质地较软的水果则较难雕刻。此外，原料的水分含量也是一个考虑因素，水分多、脆性大的原料更易于雕刻成型，但也更容易腐烂变质，因此雕刻作品通常需要现做现用。

最后，雕刻作品的存放也是一个需要注意的问题。由于果蔬原料的特性，作品通常需要通过水泡、湿布包裹等方式进行保存，以维持其新鲜度和色泽。

综上所述，果蔬雕刻原料的选择应综合考虑原料的可食性、新鲜度、质地、色泽以及保存条件，以确保雕刻作品既美观又实用。

2. 果蔬雕刻品种的分类

食品雕刻花样繁多，雕品无论是花木虫鱼、风景建筑，还是人物盆景、飞禽走兽，无不栩栩如生。它融精神、物质、艺术为一体，可烘托筵席上的热烈气氛，使人在物质享受的同时可获得精神享受。

按雕刻技术的特点来分，有以下两种：

（1）整体雕刻，又称立体整雕、立体圆整（简称圆雕），选用形体较大的一整块原料雕刻成一个独立完整的立体成品，形象逼真，具有完整性和独立性，不需要其他雕刻制品的参与和衬托，不论从哪个角度来看，立体感都较强，具有较高的欣赏价值。

这种雕刻难度系数最大，需要具有一定的美学基础和立体雕刻技艺，如花瓶、凤凰、花卉等。

（2）组装雕刻，一般情况下，因果蔬原料体积的限制，雕刻作品不可能如石雕那般伟岸、大体块，但是利用组合方法却可以克服这些缺点。组合造型最能延伸空间，造就空间。常用多块的原料分别雕刻成作品的各个部件，然后再组装成完整的物体的形象。具有色彩丰富、雕刻方便、成品立体感强、形象逼真的特点，是一种比较理想的雕刻形式，特别适合一些形体较大或比较复杂的物体形象的雕刻，如大型组合食雕展台、孔雀开屏、凤凰展翅、龙凤呈祥等。

从雕刻品种的造型来分，则有以下类别：

（1）花卉类，如菊花、玫瑰、月季、牡丹、大丽菊、马蹄莲、荷花、牵牛花、梅花等。雕刻时可在色泽、形状大小、花瓣宽窄、疏密、弯直等方面加以变化。

（2）鸟雀类，如孔雀、凤凰、鹰、雄鸡、鹤、天鹅、鸳鸯等。可采用整雕或雕组装，一般选用体型较大或形体相宜的原料。

（3）鱼虫类，如金鱼、鲤鱼、虾、蟹、螳螂、蝉、蝴蝶等。

（4）兽畜类，如兔、龙、牛、马等。有立体整雕、分雕组装和浮雕等表现形式。

（5）吉祥物品类，如花瓶、绣球、福寿等。可采用整雕、分雕组装、镂刻、浮雕等技法。

（6）瓜雕类，主要有雕瓜、瓜盅、瓜灯三种。雕瓜是在整只西瓜的表面进行凸雕和凹雕加工，制作较简单，主要在于表面图案的设计；瓜盅一般作盛器使用，由盅盖、盅体和底座（底座或用瓷盘）三部分组成。盛装冷、热甜品、热菜均可，如冬瓜鸡、什锦西瓜盅等；瓜灯是专门用来观赏的雕刻制品，在瓜表皮上雕刻出各种精美的透孔花纹图案及各种各样的突环和连扣，当雕刻完毕再挖出瓜瓤，内置点燃的蜡烛或通电的灯泡，光亮透过瓜壁突环雕缝和镂空的洞向外散射，形如灯笼。

3. 果蔬雕刻操作的特点

果蔬雕刻在操作技术上主要是一个减料过程，通过雕或刻，对现有原料的空间形体由外向内进行体积的剔减，去掉造型不相吻合的多余形体，以增加凹凸或减小凹凸来塑造新的形体。

雕刻操作中，有时还要采用下列手法完成整个造型：

（1）插接，多用于组装雕刻，用牙签将不同的形体，插夹在一起，形成作品。

（2）黏接，多用瞬间黏合剂来粘贴形体或连接形体断裂部位。

（3）榫接，利用形体的凹凸榫缝，互相咬合，接稳形体，使造型连贯一致。要求接合处丝纹合缝，看不出咬合的痕迹。如食雕的龙头接龙身处，多利用龙鳞遮盖住接缝。

（4）拉抻：如用胡萝卜切成长方体，双对面分别相错等距直剞 1/3 深度，然后再卷批成大薄片，一抻一拉即成鱼网形。

（5）卷裹：如将西红柿削成长条片，再卷裹成月季花；也有用胡萝卜长方片，对折，在折叠处，等距、等长，切均匀的缝口，再从一端卷到另一端即成绣球花。

（6）折叠、扭转：黄瓜，萝卜剖蓑衣刀，折叠扭转成佛手，兰花形状。

（7）变形：食雕中利用原料形体厚薄不均，吸水或失水后，在弹性、张力、应力作用下自然扭曲变形；如用大黄菜帮刻菊花，水泡后的娇姿，真是巧夺天工。鸟的羽毛，瓜灯上的瓜环，非水泡后，不能挺括、卷翘，这些皆非人力所能及。其他作品水泡后，也都会有不同程度的变形和意想不到的艺术效果。

4. 雕刻工具的种类和刀法

雕刻工具是厨师用来作为果蔬雕刻的专用刀具，分为刀具和模具两大类。

（1）刀具类：食品雕刻的刀具品种较多，少的一套十余件，多的有数十件，其品种、规格也各不相同，随需选择，没有统一的标准。实际上食品雕刻的工具最常用的分为3种刀具：尖刀、戳刀、刻线刀。而戳刀的形状多种多样，且分大小不同的规格，成套刀具还有戳刀的派生品种，如L形、U形和弯头的V形、U形刀具，以及平头和斜头等用于雕刻西瓜灯的专用刀具。L形、U形刀具是雕刻方孔或三角槽的专用工具；弯头V形、U形刀具是雕刻禽鸟颈、胸部羽毛的专用刀具。故食品雕刻的刀具至少需要十几种。

（2）模具类：是将适当加工的原料刻压成一定的形状的刀具，依加工程序可分为单一模具和组合模具两类。单一模具如白兔、蝴蝶、蝙蝠、秋叶、燕子、寿桃、花卉、瓦楞形等模具，其中部分模具由于规格不同，大小也不同，如鸡心、梅花、菱形、圆形、花边圆形等模具。组合模具是指一种造型需用两种或两种以上的模具刻压而成，如双喜、龙、凤、多种汉字模具等。模具刻压造型可以提高工作效率，简洁快捷地刻压出各种造型，能批量制作，使规格统一，质量稳定。

雕刻刀法除使用一些普通刀法作为辅助加工外，还有一些专门用于食品雕刻的基本刀法，主要有：

（1）刻：有槽形刻、条形刻、直刻、翻刀刻等多种。槽形刻即用各种圆口刀或槽口刀在原料的表面刻出各种方槽形、尖槽形和圆槽形的图案，多用于瓜灯和瓜盅的雕制；条形刻即用各种圆口刀在原料的表面刻出细条，形成一端与主体相连接的弯曲有致、粗细有序的条形，多用于雕刻鸟类羽毛和花卉的条状花瓣；直刻即在原料上用平口刀刻出与母体连接、层次分明的各种片状，多用于雕刻平面花瓣的花卉；翻刀刻即用斜口刀先在原料中部由下向上，先刻好花朵的外面几层花瓣，再用勺口刀或圆口刀在原料的顶部，由内向外翻刻好花朵里面的几层花瓣，多用于半开放花朵的雕刻。

（2）旋：用平口刀或斜口刀在圆柱或棱柱形原料的侧面，并与原料轴心呈一角度进行旋削，使旋下的部分成卷曲的薄片，再将每一段卷片顺弯做成喇叭花状或君子兰状的花朵。

（3）削：用平口刀或斜口刀将原料修成所需的坯形，或削去雕刻坯料上不需要的部分，常用作辅助刀法，有时也可与"旋"并用。

（4）戳：将刀具插入原料后向前推进到一定深度的刀法。例如，雕刻禽鸟的羽毛、鱼的鳞片、花瓣花蕊、线条纹路等均用此刀法。

（5）镂：将原料的内部籽瓤挖空，或将肉质皮按一定形状进行雕空，多用于西瓜盅和西瓜灯等的雕刻（见图 7-43）。

（6）模压：将原料切成块或厚片，用各种形状的模型刀具将原料切压成定形的坯料，再加工成片的方法；或直接用模型刀具切压已切成片状的原料得到所需的花形片，如梅花、秋叶、寿桃等。

图 7-43　西瓜灯

5. 果蔬雕刻的注意事项

（1）雕刻原料的选择要依据雕刻造型的主题与构思设计的形状、姿态而选择相应的原料。

（2）用于筵席的食品雕刻应主题明确，即必须了解筵席的主题、目的和性质，如寿宴、喜庆宴、宾朋宴等。

（3）注意雕品的保管。

（三）果蔬雕刻的应用

（1）用于筵席、宴会展台及桌面的装饰。

（2）用于菜肴的美化。

任务二 菜肴品质控制

知识目标

1. 能描述烹饪原料在成菜过程中的变化。
2. 能描述菜肴成品的质量控制方法。
3. 能描述菜肴质量的评价方法。
4. 能描述烹调工艺的创新原则及特点。

能力目标

1. 能判断不同菜肴在成菜过程中的变化。
2. 能掌握菜肴成品的质量控制方法。

素养目标

1. 具备产品质量控制意识。
2. 具有岗位意识，爱岗敬业精神。
3. 培养学生认真严谨的学习态度，增强团队协作能力及创新意识。

通过烹饪原料学的学习，我们应该了解，在烹饪过程中，无论是动物原料还是植物性的原料的化学成分和存在状况都会产生质的变化，这些变化和一般意义上的分解或腐败不同，经过烹饪加工的食物原料，从不可食的生鲜状态变成可食的、易被人体消化吸收的、对人体安全卫生无害的菜肴和面点，其间的变化有一定的规律性。这些变化规律便是菜肴或面点质量评价体系建立的物质基础和理论依据。尽管人们对这些变化的认同有很大的个体差异，但共性毕竟大于个性。

一、烹调安全与营养控制

（一）烹调加工食品安全管理制度

（1）加工前检查待加工食品原料质量，变质食品不下锅、不蒸煮、不烧烤。

（2）用于原料、半成品、成品的各种工具、容器应标识明显、分开使用、定位存放、保持清洁。

（3）熟制加工的食品要烧熟、煮透，其中心温度不低于 70 ℃，油炸食品要防止外焦里生。加工后直接入口的食品要盛放在消毒后的容器或餐具内，不得使用未经消毒的餐具和容器。

（4）烹调后至食用前需要较长时间（超过 2 小时）存放的食品应当在高于 60 ℃或低于 10 ℃ 的条件下存放，需要冷藏的熟制品应待凉后再冷藏。

（5）灶台、抹布要随时清洗，保持干净，不用抹布揩碗盆。

（6）隔餐、隔夜熟制品、外制热食品必须在食用前充分加热煮透。

（7）按规定处理废弃油脂，及时清理抽油烟机罩。

（8）工作结束后调料加盖，工用容器、厨具洗刷干净定位存放。

（9）清理室内环境卫生，灶上、灶下、地面及操作台清洗冲刷干净，不留残渣、油污、卫生死角，及时清理垃圾（见图 7-44）。

图 7-44　清理

（二）食物营养的损失

（1）煮。煮对碳水化合物及蛋白质起部分水解作用，对脂肪影响不大，但会使水溶性维生素（如维生素 B1、维生素 C）及矿物质（钙、磷等）溶于水中。

（2）蒸。蒸对营养素的影响和煮相似，但矿物质不会因蒸而遭到损失。

（3）煨。煨可使水溶性维生素和矿物质溶于汤内，只有一部分维生素遭到破坏。

（4）腌。腌的时间长短同营养素损失大小成正比。时间越长，维生素 B 和维生素 C 损失越大。但焖煮后的菜肴有助于消化。

（5）卤。卤能使食品中的维生素和部分矿物质溶于卤汁中，只有部分遭到损失。

（6）炸。炸由于温度高，对一切营养素都有不同程度的破坏。蛋白质因高温而严重变性，脂肪也因炸而失去其功用。

（7）滑炒。滑炒时因食物外面裹有蛋清或湿淀粉，形成保护薄膜，故对营养素损失不大。

（8）烤。烤不但使维生素 A、维生素 B、维生素 C 受到相当大的损失，而且也使脂肪受到损失。如用明火直接烤，还会使食物产生苯并芘等致癌物质。

（8）熏。熏会使维生素（特别是维生素 C）受到破坏，使部分脂肪损失，同时也会产生苯并芘等致癌物质。但熏会使食物别有风味。

图 7-45 所示为各种烹调方法制作的菜肴示例。

图 7-45　各种烹调方法制作的菜肴

（三）减少营养损失的措施

（1）上浆挂糊。原料先用淀粉和鸡蛋上浆挂糊，不但可使原料中的水分和营养素不致大量溢出，减少损失，而且不会因高温使蛋白质变性、维生素被大量分解破坏。

（2）加醋。由于维生素具有怕碱不怕酸的特性，因此在菜肴中尽可能放点醋。即使是烹调动物性原料，醋也能使原料中的钙被溶解得多一些，从而促进钙的吸收。

（3）先洗后切。各种菜肴原料，尤其是蔬菜，应先清洗，再切配，这样能减少水溶性原料的损失。而且应该现切现烹，这样能使营养素少受氧化损失。

（4）急炒。菜要做熟，加热时间要短，烹调时尽量采用旺火急炒的方法。因原料通过明火急炒，能缩短菜肴成熟时间，从而降低营养素的损失率。据统计，猪肉切成丝，用旺火急炒，其维生素 B1 的损失率只有 13%，而切成块用慢火炖，维生素损失率则高达 65%。

（5）勾芡。勾芡能使汤料混为一体，使浸出的一些成分连同菜肴一同摄入。

（6）慎用碱。碱能破坏蛋白质、维生素等多种营养素。因此，在焯菜、制面食、欲使原料酥烂时，最好避免用纯碱（苏打）。

二、烹调成品质量控制

菜肴成品质量控制

（一）菜肴质量的内涵

菜肴质量主要包括其安全性、营养价值和可口性。由于食品的适用性主要体现在食用性方面，可将菜肴的质量定义为："在食用方面能满足顾客需要的优劣程度。"

（二）构成菜肴质量的要素

（1）安全卫生：要求无毒、无害、无污染，对重金属、微生物等有害物有严格的限量标准；不会对消费者身心造成损害。

（2）营养特性：营养素、营养成分的种类和性质。

（3）感官特性：包括气味、口味、质地和外观特性。

（三）菜肴质量的发展变化

（1）菜肴、面点的原料配伍更趋于营养搭配的合理化，更与人体对各种营养素的需求量相一致。

（2）注重菜肴食品的卫生安全。

（3）食品的保健功能将越来越受到重视。

（4）审美功能愈加成为菜品不可缺少的内容。

（5）餐饮食品中的科技含量将日益增加，越来越多的最新研究成果在食品中运用，尤其是营养学方面。

（四）菜肴质量的控制方法——标准控制

（1）加工标准：明确原料用料的数量、质量标准、涨透的程度等。

（2）配制标准：明确菜肴制作用料品种、数量标准，按人所需营养成分进行原料配制。

（3）烹调标准：明确加工、配制好的半成品、加热成菜所用调味品的比例，使菜肴的色、香、味、形俱全。

（4）标准菜肴：制定统一标准、统一制作程序、统一器材规格和装盘形式，标明质量要求、用餐人数、成本、利率和售价的菜谱。

三、菜肴质量的评价方法

（一）菜肴感官检测的环境条件

菜肴感官检测方不可避免地要受到人的主观因素的影响，为了使这种影响降至最

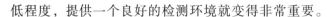

低程度，提供一个良好的检测环境就变得非常重要。

（1）检测场所的位置应选择得当，既要避免外界干扰因素（如嘈杂的声响、频繁的人员往来以及日常活动）的影响，又要确保检测人员能够便捷地进出，满足其合理需求。

（2）理想的检测场所最好是检测人员一人一室，以便进行独立评价，避免他人（包括其他检测人员和服务人员）的干扰，同时又要有利于菜肴样品的摆放和传递。但目前国内几乎没有这种检测场所安排，通常都是若干名检测人员共处一室、共围一桌。在这种情况下，检测人员能否独立判断、服务人员是否严守纪律，就成为评价公平、公正、公开与否的关键因素。如果能采用艺术比赛中用大屏幕公开展示评分结果，接受场外监督的方法，则会更客观一些。

（3）菜肴的味觉和嗅觉评价是质量好坏的核心指标，因此消除检测场所外来的气味干扰就显得尤为重要，通风良好是起码的条件，最好能安装空气过滤设备等调节装置。

（4）采用白光或自然光照明，避免色光的干扰，以及反射或透射的干扰。

（5）保证检测人员有舒适的工作环境，避免使人疲劳、过度兴奋，或引发烦躁等不良情绪。

（二）检测人员的选择

1. 检测人员（评委）的一般条件

（1）具有良好的职业道德。这是确保检测活动公平、公正、公开的先决条件。

（2）年龄不宜太大，也不宜太轻。检测人员既要具备一定专业经验积累，又要有足够的精力和敏锐的感觉生理功能，因此年龄在35~55岁最为适宜。

（3）人们对色、香、味、形、质的感知具有一定的性别差异，因此检测人员最好男女各半。

（4）检测人员的数目当然是越多越好，但因一定的条件限制，一般以5~10人为宜。

2. 检测人员应具备的专业条件

（1）对菜肴的色、香、味、形、质等风味要素有较强的识别能力。

（2）具有较丰富的烹饪专业知识。

（3）具有对菜肴进行检测的工作经验。

（4）工作态度认真负责，能秉公办事。

（5）具有良好的心理素质，能够自觉排除外界的干扰。

（6）身体健康，具备从事食品行业各项工作规定的健康素质。

3．风味检测中，检测人员最容易出现的自身干扰因素

（1）神经系统会因连续工作而产生疲劳，特别是味觉和嗅觉会因疲劳而失去敏感性，对某些气味或味道产生短暂的适应现象而失去判断能力。所以一次检测的时间不宜过长，菜肴数量不宜过多，检测中需要进行间歇性的休息，让检测人员呼吸新鲜空气或漱口。

（2）单调的程序会造成大脑对某些机械性变化的适应，从而造成检测人员对某些数字或符号、某些特定的位置、冷菜和热菜的出现顺序等产生偏爱，影响评分的准确性。所以菜肴的编号或出现顺序、放置都应该是随机的，不要造成检测人员产生规律性的错觉。

总而言之，为了使干扰因素降至最低程度，要求检测人员在进餐后的 1 小时内停止检测；过度饥饿时不要参与检测；严禁吸烟喝酒，也不得喝其他刺激性饮料和进食有气味的食品；生病状态不得参与检测，尤其是患有伤风感冒；不得使用化妆品；不得进食含香辛原料和调料烹制的食品；一道菜评完后要略事休息并漱口，再参与下一道菜的检测。

（三）菜肴感官检测数据的处理方法

目前中国餐饮业对检测数据的处理方法，最常见的是平均法，有时也会用到去偶法。下面就主要介绍这两种方法。

1．平均法

平均法就是将所有参与评分人员所评的个人记录逐一相加，然后除以评委人数，所得数值就是菜肴的实际评价值。这个方法简单易行，评分者无需较高的文化水平或科学素养，但所得结果受主观因素的影响较大，在一些正式比赛中最好不用这种方法。

2．去偶法

这就是大家熟知的"去掉一个最高分，去掉一个最低分"，然后将其他检测人员的评分逐一相加，再取平均值的方法。例如，某道菜的评委有 6 人，分别打出如下 6 个分值：75 分、80 分、81 分、82 分、85 分、87 分，计算时，去掉一个最高分 87 分，去掉一个最低分 75 分，则这道菜的最后得分是：（80＋81＋82＋85）÷4=82 分。这个方法比平均法相对准确。

四、烹调工艺的改革与创新

1．烹调工艺改革与创新的内容

（1）原料创新。

（2）工具和能源的创新。

烹调安全与工艺创新

（3）技术创新。

2．菜肴创新的意义

（1）菜肴创新、菜品不断变化是烹饪文化发展的必然趋势，是适应社会发展的需要，也是适应旅游事业发展的需要，还是旅游业、餐饮业市场竞争中不可缺少的手段之一。

（2）菜肴创新的另一意义是，它既丰富了筵席中的基本内容，同时也满足了人们心理上和生活上的消费的需求。

（3）菜肴创新能促使烹饪工作人员在现有的形势下，不断提高自身的综合素质和专业技能，增强自己的创新意识和实践创新能力，去适应不同条件下的工作环境和市场竞争。

（4）菜肴创新对继承和发展烹饪技艺与烹饪文化都有着实际意义。

3．烹调工艺改革与创新的原则

（1）必须根植于传统工艺而不墨守成规。
（2）必须博采众长，兼收并蓄，精益求精。
（3）必须顺应时代潮流。
（4）必须注重科学化、标准化、个性化。

4．烹调工艺创新

1）烹调工艺的流程创新方法

中餐菜肴的制作是按一定的规章、程序而进行的，打破常规将某些程序、规章按新的观点和思路进行新的剪辑，运用重新排列、组配的办法，变化各种烹饪技法，就可使菜品形成变化万端的风格特色（见图7-46）。

图 7-46　工艺菜——宝塔肉

2）通过借鉴学习、模仿改良的创新方法

（1）汲取民间精华，发掘乡土素材。

（2）借鉴外来工艺，打开创新之路。

（3）利用文化遗产，推陈出新。

（4）博采众家之长，借鉴移植创新。

（5）大胆探索改革，集思广益求新。

操作示范

序号	项目	二维码
1	涨发木耳	涨发木耳
2	肝腰合炒的制作	肝腰合炒的制作
3	糖醋里脊的制作	糖醋里脊的制作
4	鱼香肉丝的制作	鱼香肉丝的制作
5	水煮肉片的制作	水煮肉片的制作

6	回锅肉的制作	回锅肉的制作
7	麻婆豆腐的制作	麻婆豆腐的制作
8	宫保鸡丁的制作	宫保鸡丁的制作
9	干烧鳊鱼的制作	干烧鳊鱼的制作
10	青椒肉丝的制作	青椒肉丝的制作
11	水果拼盘的制作	水果拼盘的制作

参考文献

[1] 邹伟，李刚. 中式烹调技艺[M]. 北京：高等教育出版社，2020.

[2] 曲绍卿，巩显芳. 中式烹调工艺[M]. 北京：中国轻工业出版社，2022.

[3] 陈志炎. 中式烹调师（初级）[M]. 北京：机械工业出版社，2022.